Morphologische Untersuchung der Apertura nasomaxillaris des Pferdes sowie deren Verzweigung in die Nasennebenhöhlen unter Anwendung dreidimensionaler Rekonstruktion computertomographischer Schnittbildserien

AF666305

Tierärztliche Hochschule Hannover

Morphologische Untersuchung der Apertura nasomaxillaris des Pferdes sowie deren Verzweigung in die Nasennebenhöhlen unter Anwendung dreidimensionaler Rekonstruktion computertomographischer Schnittbildserien

INAUGURAL – DISSERTATION
Zur Erlangung des Grades eines Doktors der Veterinärmedizin
- Doctor medicinae veterinariae -
(Dr. med. vet.)

vorgelegt von
Markus Brinkschulte
Warendorf

Hannover 2012

Bibliografische Information der Deutschen Nationalbibliothek
Die Deutsche Nationalbibliothek verzeichnet diese Publikation in der Deutschen Nationalbibliografie; detaillierte bibliografische Daten sind im Internet über http://dnb.d-nb.de abrufbar.
1. Aufl. - Göttingen : Cuvillier, 2012
Zugl.: (TiHo) Hannover, Univ., Diss., 2012

Wissenschaftliche Betreuung: Prof. Dr. B. Ohnesorge, Klinik für Pferde
Prof. Dr. C. Staszyk, Anatomisches Institut

1. Gutachter: Prof. Dr. B. Ohnesorge
Prof. Dr. C. Staszyk

2. Gutachter: Prof. Dr. H. Seifert

Tag der mündlichen Prüfung: 28.11.2012

© CUVILLIER VERLAG, Göttingen 2012
Nonnenstieg 8, 37075 Göttingen
Telefon: 0551-54724-0
Telefax: 0551-54724-21
www.cuvillier.de

Alle Rechte vorbehalten. Ohne ausdrückliche Genehmigung des Verlages ist es nicht gestattet, das Buch oder Teile daraus auf fotomechanischem Weg (Fotokopie, Mikrokopie) zu vervielfältigen.
1. Auflage, 2012
Gedruckt auf säurefreiem Papier

ISBN 978-3-95404-272-2
eISBN 978-3-739-4-272-1

in Dankbarkeit meiner Mutter

in Gedenken an meinen Vater

Ergebnisse dieser Dissertation wurden in Form eines Vortrags auf folgenden Fachtagungen präsentiert:

22. Arbeitstagung der DVG-Fachgruppe Pferdekrankheiten der Deutschen Veterinärmedizinischen Gesellschaft e.V.:
Morphologische Untersuchung der Apertura nasomaxillaris des Pferdes unter Anwendung dreidimensionaler Rekonstruktion computertomographischer Schnittbildserien

BpT-Kongress Hannover 2012 des Bundesverbandes praktizierender Tierärzte e.V.:
Computertomographische Rekonstruktion: eine 3D-Animation des sinunasalen Kanalsystems

Inhaltsverzeichnis

Abkürzungsverzeichnis

2-D	two-dimensional (zweidimensional)
3-D	three-dimensional (dreidimensional)
3D	dreidimensional
A.	Arteria (Arterie)
A. n.	Apertura nasomaxillaris
AP	horizontal length of the head (horizontale Länge des Kopfes)
APq	vertical length of the head (vertikale Länge des Kopfes)
BreaFront	width of the head (Weite des Kopfes)
BreaMaxill	width of the nasal cavity (Weite der Nasenhöhle)
C	Caninus (Eckzahn)
c.	caudal (kaudal)
ca.	circa
Can.	Canalis (Kanal)
cPS	caudal paranasal sinuses (hinteres NNH-System: S. maxillaris caudalis, S. frontalis, S. conchae dorsalis, S. sphenopalatinus, S. conchae mediae)
CT	Computertomographie
d.	dorsal
dex	dexter (rechts)
et al.	et alii (und andere)
evtl.	eventuell
FESS	Functional endoscopic sinus surgery
For.	Foramen (Loch)
Gl.	Glandula (Drüse)
h:mm	hours : minutes (Stunde : Minute)
HeighVisc	height of the nasal cavity (Höhe der Nasenhöhle)
HU	Hounsfield Unit (Hounsfield-Einheit)
I1 – I3	Dentes incisivi (Schneidezähne)
Inc.	Incisura (Einschnitt)
kg	Kilogramm
KG	Körpergewicht
kV	Kilovolt
L	Links

l.	left (links)
la.	lateral
Ln.	Lymphonodus (Lymphknoten)
M1 – M3	Dentes molares (molare Backenzähne)
m.	medial
mAs	Milliamperesekunden
Max.	Maximum
Med.	Median
mg	Milligramm
Min.	Minimum
MIP	Maximum Intensity Projections
ml	Milliliter
mm	Millimeter
MPR	Multiplanare Rekonstruktion
MRT	Magnetresonanztomographie
N.	Nervus (Nerv)
n	Anzahl
NNH	Nasennebenhöhle(n)
Nr.	Nummer
P1 – P4	Dentes premolares (premolare Backenzähne)
Proc.	Processus (Fortsatz)
R	Rechts
r.	right (rechts)
ros.	rostral
rPS	rostral paranasal sinuses (vorderes NNH-System: S. maxillaris rostralis, S. conchae ventralis)
S.	Sinus
SCD	Sinus conchae dorsalis
SCM	Sinus conchae mediae
SCV	Sinus conchae ventralis
SD	standard deviation (Standardabweichung)
SF	Sinus frontalis
sin	sinister (links)
SMC	Sinus maxillaris caudalis

SMR	Sinus maxillaris rostralis
sog.	sogenannt(e,es)
SSP	Sinus sphenopalatinus
tPS	total paranasal sinuses (gesamtes NNH-System)
V.	Vena (Vene)
v.	view (Ansicht)
VE	Virtuelle Endoskopie
VR	Volume Rendering
WW	Window Width (Fensterweite)
WL	Window Level (Fensterlage)
y.	years (Jahre)

1 Einleitung

Erkrankungen der Nasennebenhöhlen (NNH) des Pferdes sind von besonderer klinischer Bedeutung in der Pferdemedizin. Die häufigste Veränderung der equinen NNH stellt die Sinusitis dar (NICKELS 2011). Die ihr zugrunde liegenden pathophysiologischen Mechanismen sind bis heute nicht abschließend erforscht. Die Anatomie der Nasenhöhle und NNH ist sehr komplex. Detaillierte Kenntnisse der anatomischen Verhältnisse sind hinsichtlich erfolgreicher Diagnostik und chirurgischer Therapie von entscheidender Bedeutung (WAGENMANN u. NACLERIO 1992; RUGGLES et al. 1993; CHAN u. MUNROE 1995; WORSTER u. HACKETT 1999; QIU et al. 2004; LATORRE u. RODRIGUEZ 2007). Moderne schnittbildgebende Methoden wie die Computertomographie (CT) und Magnetresonanztomographie (MRT) ermöglichen eine detaillierte Darstellung, ohne dass es zu einer Überlagerung von Strukturen kommt. Es können zusätzliche, diagnostisch wichtige Informationen gewonnen werden, die durch alleinige röntgenologischer Untersuchung unerkannt bleiben (KRAFT u. GAVIN 2001).

Bildgebende Modalitäten wie die CT und die MRT sind nicht-invasive Verfahren, die anatomische Strukturen als ein zweidimensionales Schnittbild darstellen (LATORRE u. RODRIGUEZ 2007). Die Interpretation dieser zweidimensionalen Schnittbilder kann sich als schwierig erweisen. Die mentale Rekonstruktion der Schnittbilder ist abhängig von der Erfahrung und dem Vorstellungsvermögen des Betrachters und stößt bei sehr komplexen Strukturen bald an ihre Grenzen (HESSER u. MÄNNER 1997; JENDRYSIAK 1997). Die dreidimensionale (3D) Rekonstruktion der zweidimensionalen Schnittbildserien ermöglicht ein exzellentes Verständnis komplexer anatomischer Verhältnisse (NÖLLER et al. 2004).

In der Humanmedizin existiert ein tiefgreifendes Bewusstsein hinsichtlich der klinischen Bedeutung der Kommunikationswege zwischen der Nasenhöhle und den NNH. In zahlreichen Studien, sowohl am makroskopischen Präparat (MESSERKLINGER 1966; AUST u. DRETTNER 1974; AUST et al. 1976) wie auch durch bildgebende Diagnostik (BOLGER et al. 1991; YOUSEM et al. 1991; LAINE u. SMOKER 1992; MARU u. GUPTA 2001; KANTARCI et al. 2004; MAMATHA et al. 2010) wurden die natürlichen Zugänge untersucht. Hierbei erlangt in der Bildgebung sowohl die zweidimensionale CT wie auch eine nachfolgende 3D-Rekonstruktion dieser Daten eine herausragende Bedeutung. Das Verfahren der Segmentierung und die damit einhergehende 3D-Rekonstruktion werden sowohl für volumetrische Vermessungen (KAWARAI et al. 1999) wie auch für die Darstellung und Etablierung chirurgischer Zugänge verwendet (MORAL et al. 2007; TINGELHOFF et al. 2008; PIRNER et al. 2009). Die Obstruktion der sinunasalen Zugänge gilt als eines der primären pathophysiologischen Mechanismen zur Entstehung der Sinusitis (WAGENMANN u. NACLERIO 1992). Schon Messerklinger (1966) konstatiert, dass der wichtigste Faktor zur Gesunderhaltung der NNH die Drainage ist und im Erkrankungsfall ihrer Wiederherstellung die erste Sorge gilt.

Ziel der vorliegenden Arbeit ist die detaillierte Beschreibung der Morphologie des Zugangs in die NNH beim Pferd. Erstmalig soll eine computergestützte 3D-Darstellung der equinen sinunasalen Kommunikationswege erfolgen. Die Beschreibungen und Ergänzungen der bereits existierenden Nomenklatur sollen eine präzise Ansprache einzelner Abschnitte des sinunasalen Kanalsystems ermöglichen. In einem ersten Schritt erfolgt zunächst die 3D-Darstellung der equinen NNH. Hierbei soll der inter- und intraindividuellen Ausbildung der einzelnen NNH-Kompartimente Beachtung gewidmet werden. Es soll eine morphologische Beschreibung wie auch eine volumetrische Vermessung der NNH erfolgen.

Zur Etablierung neuartiger minimalinvasiver Verfahren zur Diagnostik und Therapie von NNH-Erkrankungen sind Detailkenntnisse des natürlichen Zugangs in die equinen NNH notwendig, die über die bisher verfügbaren Beschreibungen in der anatomischen und klinischen Fachliteratur hinausgehen. Weitergehend können diese zusätzlichen Kenntnisse der Kommunikationswege zwischen der Nasenhöhle und den NNH zu einem neuartigen Verständnis pathophysiologischer Vorgänge führen. Durch die Anfertigung von 3D-Modellen der Zugänge, wie auch der NNH selbst, werden die komplexen Lagebeziehungen dieser Strukturen zueinander übersichtlich und leicht verständlich veranschaulicht.

2 Literaturübersicht

2.1 Klinisch-funktionelle Anatomie

2.1.1 Übersicht: obere Atemwege

Der Atmungsapparat wird unterteilt in die oberen und tiefen Atemwege. Die oberen Atemwege umfassen die Nase und den Nasenrachen, die tiefen Atemwege Kehlkopf, Trachea und Lungen (SALOMON 2008a). Der Atmungsapparat setzt sich einerseits aus luftleitenden und andererseits aus luftaustauschenden Abschnitten zusammen (KÖNIG u. LIEBICH 2012). Die Funktion der Atmungsorgane liegt in der Sicherung des Luftzustroms sowie dem Gasaustausch zwischen Atemluft und Blut (WAIBL 2004). Weitere Funktionen sind die Reinigung, Anwärmung und Befeuchtung der eingeatmeten Luft, die Orientierung in der Umwelt durch Nutzung des im Nasengrunds befindlichen olfaktorischen Organs sowie die Lautäußerung durch Stimmerzeugung im Kehlkof (SALOMON 2008a).

2.1.1.1 Äußere Nase und Naseneingang

Der Schädel wird unterteilt in zwei Anteile. Der die Hirnkapsel umschließende Anteil ist der Hirnschädel (Cranium, Neurocranium), wohingegen Nasenkapsel, Unterkiefer und Zungenbein dem Gesichtsschädel (Facies, Viscerocranium) zugeordnet werden (NICKEL et al. 2004). Die äußere Nase (Nasus externus) bildet den Nasenrücken (Dorsum nasi) sowie seitliche Abschnitte des Gesichtsschädels. Sie beginnt an der Nasenspitze (Apex nasi), die die beiden Nasenlöcher (Nares) beinhaltet (WAIBL 2004). Die Nasenlöcher stellen den Zugang zur Nasenhöhle (Cavum nasi) dar (SALOMON 2008a). Dieser Naseneingang wird beim Pferd als Nüster bezeichnet und ist im Gegensatz zu den anderen Haussäugetieren zumeist von feiner behaarter, pigmentierter Haut ausgekleidet (SALOMON 2008a; WISSDORF et al. 2010). Der Naseneingang ist medial, dorsal und ventral knorpelgestützt. Mit der median gelegenen Nasenscheidewand, die in ihrem vordersten Abschnitt als Septum narium bezeichnet wird, steht der ausschließlich beim Pferd ausgebildete Flügelknorpel (Cartilago nasalis alaris) in bindegewebiger oder gelenkiger Verbindung (WAIBL 2004). Dieser bilateral ausgebildete Flügelknorpel besteht einerseits aus einer dorsomedial gelegenen Platte (Lamina) und andererseits aus einem ventromedial gelegenen Horn (Cornu) (WAIBL 2004; WISSDORF et al. 2010). Die bei anderen

Haussäugetieren prominenten dorsalen und ventralen Seitenwandknorpel sind beim Pferd nur rudimentär ausgebildet oder fehlen gänzlich (WAIBL 2004). Letztlich existiert noch der beim Pferd s-förmig ausgebildete laterale Ansatzknorpel (Cartilago nasalis sigmoidea), der an der ventralen Nasenmuschel entspringt und seinen Verlauf in der Flügelfalte (Plica alaris) findet (WISSDORF et al. 2010).

Die laterale Begrenzung erfolgt durch die nicht knorpelgestützten lateralen Nasenflügel (Ala nasi laterales). Aufgrund des beim Pferd sehr stark ausgebildeten Nasenzwischenkiefer-Ausschnitts (Incisura nasoincisiva), der sich zwischen dem Proc. rostralis des Nasenbeins (Os nasale) und dem Zwischenkieferbein (Os incisivum) befindet und der besonderen Ausprägung des Flügelknorpels, wird die Pferdenase als sog. „weiche Nase" (Nasus cutaneus) bezeichnet (WAIBL 2004; SALOMON 2008a; WISSDORF et al. 2010). Es besteht somit die Möglichkeit den Naseneingang aktiv durch Muskeleinwirkung wie auch passiv durch erhöhten Luftstrom in Form und Durchmesser zu verändern (DYCE et al. 1991).

Eine Besonderheit des equinen Naseneingangs stellt die Nasentrompete (Diverticulum nasi) dar. Die oben angesprochene Flügelfalte unterteilt den Naseneingang in das eigentliche, „wahre" Nasenloch, welches ventral der Flügelfalte ausgebildet ist sowie das dorsal der Falte befindliche „falsche" Nasenloch, welches den Zugang zum Diverticulum nasi darstellt (WAIBL 2004). Die Nasentrompete ist ein Blindsack, der in seiner kaudalen Ausdehnung bis in die Höhe der Incisura nasoincisiva reicht (WISSDORF et al. 2010).

2.1.1.2 Nasenhöhle und knöcherne Grundlage der Nase

Die Nasenhöhle (Cavum nasi) liegt im Gesichtsschädel. Die knöcherne Nasenkapsel beginnt rostral an der Apertura nasi ossea, die vom Os incisvum und dem Os nasale begrenzt wird (NICKEL et al. 2004).

Von rostral nach kaudal wird sie in den Nasenvorhof (Vestibulum nasi), den Hauptteil (Cavum nasi proprium) und den Nasenhöhlengrund (Fundus nasi) eingeteilt. Durch die median ausgeprägte Scheidewand (Septum nasi) entstehen zwei voneinander getrennte Höhlen (Cavum nasi dextrum et sinistrum) (WAIBL 2004). Die Scheidewand wird in drei Abschnitte unterteilt. Sie beginnt rostral als bindegewebige Pars membranacea. Den Hauptteil stellt die knorpelige Pars cartilaginea dar (NÖLLER u. BUDRAS 2009; WISSDORF et al. 2010). Von ventral erfolgt eine Unterstützung durch den Vomer mit seinem Sulcus septalis (NICKEL et al. 2004). Den Abschluss bildet die knöcherne Pars ossea, die sich in die Lamina perpendicularis des Siebbbeins (Os ethmoidale) und dem Vomer fortsetzt (NICKEL et al. 2004; WISSDORF et al. 2010). Der vordere bewegliche Abschnitt der Scheidewand wird auch als Pars mobilis septi nasi bezeichnet (NICKEL et al. 2004; SALOMON 2008a). Es ist zu beachten, dass die Schleimhaut des Sepum nasi mit großen Venenpolstern bestückt ist (WISSDORF et al. 2010).

Das Dach der knöchernen Nasenhöhle wird vom Nasenbein (Os nasale) sowie von Anteilen des Stirnbeins (Os frontale) gebildet (NICKEL et al. 2004; SALOMON 2008a, b; LIEBICH u. KÖNIG 2012). Das Nasenbein liegt rostral vor dem Stirnbein. Die Außenfläche (Facies externa) ist leicht konkav, bei „ramsköpfigen“ Pferden leicht konvex gewölbt (LIEBICH u. KÖNIG 2012). Die Innenseite (Facies interna) bietet dem Endoturbinale I an der Crista ethmoidalis Ansatz (NICKEL et al. 2004; SALOMON 2008b). Nach rostral ist das Nasenbein jeweils medial als Proc. rostralis fortgesetzt. Der kaudale Abschnitt des Nasenbeins ist bei älteren Pferden oftmals pneumatisiert. Dieser Hohlraum wird in der Literatur entweder als rostrale Ausbuchtung der Stirnhöhle (NICKEL et al. 2004; SALOMON 2008b) oder als kleiner Nasenbeinsinus angesprochen (ZIETZSCHMANN 1943). Das Os frontale wird zu den Knochen des Hirnschädels gezählt und stellt beim Pferd die Grundlage für die fast ebene, breite Stirn dar (ZIETZSCHMANN 1943). Lediglich seine Pars nasalis greift von kaudal kommend auf den Angesichtsschädel über und steht in Verbindung mit dem Nasenbein (NICKEL et al. 2004).

Die Seitenwände der Nasenhöhle werden von dem Oberkieferbein (Maxilla), dem Tränenbein (Os lacrimale), dem Jochbein (Os zygomaticum) und dem Zwischenkieferbein (Os incisivum) gebildet (NICKEL et al. 2004; SALOMON 2008a; LIEBICH u. KÖNIG 2012).

Die Bodenwand wird durch das Os incisivum, der Maxilla und das Gaumenbein (Os palatinum) geformt (NICKEL et al. 2004; SALOMON 2008a; LIEBICH u. KÖNIG 2012).

Die kaudale knöcherne Begrenzung zur Schädelhöhle erfolgt durch die quergestellte Siebbeinplatte (Lamina cribrosa) des Siebbeins (Os ethmoidale) sowie durch die Lamina interna des Os frontale (NICKEL et al. 2004, SALOMON 2008b). Durch das Verschmelzen der Bodenplatte (Lamina basalis) des Os ethmoidale mit Anteilen des Vomers entsteht eine horizontal ausgerichtete Knochenplatte, die den dorsal gelegenen Fundus nasi vom ventral folgenden Nasenrachengang (Meatus nasopharyngeus) trennt (NICKEL et al. 2004).

2.1.1.3 Nasenmuscheln

Von der Dorsal- und der Lateralwand ragen Muschelbeine (Ossa conchae) in die Nasenhöhle hinein (DYCE et al. 1991; NICKEL et al. 2004). Sie bilden die knöcherne Grundlage der Nasenmuscheln (NICKEL u. WILKENS 1958; SALOMON 2008b) und sind beidseits mit Schleimhaut bekleidet (ACKERKNECHT 1943; WAIBL 2004). Nach DYCE (1991) erfolgt die Einteilung der Conchae in ein rostrales System, welches die nasalen Conchae beinhaltet und ein kaudales System, bestehend aus den ethmoidalen Conchae. Der Hauptteil der Nasenhöhle ist durch die Nasenmuscheln (Conchae nasales) gegliedert. Die Siebbeinmuscheln (Conchae ethmoidales) gestalten den Nasengrund (WAIBL 2004; SALOMON 2008b; NÖLLER u. BUDRAS 2009).

Der Grundaufbau der Muschelbeine beinhaltet zwei Abschnitte. Mit der Basallamelle ist das Muschelbein am Schädelknochen befestigt und ragt in die Nasenhöhle vor. Innerhalb der Nasenhöhle erfolgt dann der Übergang in eine, zwei oder selten mehr Spirallamellen, die sich dorsal und/ oder ventral einrollen. Durch dieses wulstförmige Einrollen entstehen Buchten (Recessus), die mit der Nasenhöhle in offener Verbindung stehen. An einigen Stellen verschmilzt der freie Rand der Spirallamelle mit sich selbst unter Entstehung blasenartiger Hohlräume. Diese Blasen (Bullae) werden teilweise durch schräg verlaufende Septen noch weitergehend in Zellen (Cellulae) unterteilt. Verschmilzt hingegen der freie Rand der Spirallamelle mit der Basallamelle oder mit Knochen des Kopfskeletts, so entstehen Höhlen, die Sinus conchae (WAIBL 2004; SALOMON 2008a).

Nach dem Ursprung der Basallamelle am Kopfskelett lassen sich zwei Gruppen von Nasenmuscheln unterscheiden. Einerseits die dem Siebbeinlabyrinth (Labyrinthus ethmoidalis) zugehörigen Siebbeinmuscheln (Ethmoturbinalia) und andererseits die eigenständig ausgebildete Oberkiefermuschel, das Maxilloturbinale (Os conchae ventralis) (NICKEL et al. 2004).

Die Ethmoturbinalia entspringen der Dach- und Seitenplatte sowie gegebenenfalls der medianen Scheidewand des Siebbeins und ragen in das Innere des Siebbeins unter Entstehung von Siebbeingängen, den Meatus ethmoidales (NICKEL et al. 2004; SALOMON 2008b). Beim Pferd sind die Ethmoturbinalia in drei Reihen angeordnet. Die größte innerste Reihe sind die sog. Endoturbinalia, von denen das Pferd zumeist sechs besitzt. Von den kleineren äußeren, beim Pferd zweireihig

angeordneten, als Ectoturbinalia bezeichneten Siebbeinmuscheln, besitzt das Pferd etwa 25 (NICKEL et al. 2004; SALOMON 2008b; LIEBICH u. KÖNIG 2012).
Die dorsale Nasenmuschel hat das Endoturbinale I als knöcherne Grundlage und ist in ihrem Verlauf durch die Nasenhöhle an der Crista ethmoidalis des Os nasale angeheftet (NICKEL et al. 2004; SALOMON 2008b). Sie ist die am längsten ausgebildete Nasenmuschel der Haustiere und reicht rostral bis in die Gegend des Nasenvorhofs (WAIBL 2004), bzw. beim Pferd bis auf Höhe des zweiten prämolaren Backenzahns (P2) (WISSDORF et al. 2010). Vom mittleren Drittel an ist die dorsale Nasenmuschel durch einen Längsschlitz andeutungsweise zweigeteilt (NÖLLER u. BUDRAS 2009). Nach rostral steht sie mit der im Naseneingang dorsal gelegenen Plica recta in Verbindung (ACKERKNECHT 1943; WAIBL 2004; NÖLLER u. BUDRAS 2009; WISSDORF et al. 2010). Diese Falte ist laut WAIBL (2004) an ihrem muschelwärtigen Ursprung in einen dorsalen und ventralen Schenkel unterteilt.
Die ventrale Nasenmuschel steht ohne Bezug zum Siebbein und hat das Os concha nasalis ventralis als knöcherne Grundlage. Es ist in seinem Verlauf durch die Nasenhöhle an der Crista conchalis ventralis der Maxilla befestigt (NICKEL et al. 2004; SALOMON 2008b). Sie ist im Vergeich zur dorsalen Nasenmuschel kürzer ausgebildet und reicht von Höhe des dritten molaren Backenzahns (M3) bis auf Höhe des P2 (WISSDORF et al. 2010). Nach rostral steht die ventrale Nasenmuschel in Verbindung mit zwei Falten. Zum einen mit der dorsal gelegenen Flügelfalte (Plica alaris) und zum anderen mit der ventral davon gelegenen Bodenfalte, die sog. Plica basalis (ACKERKNECHT 1943; WAIBL 2004; NÖLLER u. BUDRAS 2009; WISSDORF et al. 2010).
Die ventrale und dorsale Nasenmuschel sind durch eine von außen nicht sichtbare Scheidewand in zwei vollständig voneinander getrennte Abteilungen unterteilt (ZIETZSCHMANN 1943). Laut Nickel u. WILKENS (1958) handelt es sich hierbei um knöcherne mit schleimhautüberzogene Scheidewände. Diese querverlaufenden Scheidewände sind das Septum conchae dorsalis bzw. ventralis, die die Nasenmuscheln in eine rostrale und eine kaudale Abteilung unterteilen (WAIBL 2004; SALOMON 2008a; WISSDORF et al. 2010). Laut ZIETZSCHMANN (1943) befindet sich das dorsale Septum auf Höhe des ersten molaren Backenzahns (M1), wohingegen das ventrale Septum auf Höhe vom P4 bis M1 zur Ausbildung kommt. Der rostrale Abschnitt beherbergt den Recessus conchae dorsalis bzw. ventralis sowie Bullae, die durch eine Vielzahl von Septen in Cellulae unterteilt werden

(NICKEL u. WILKENS 1958; WAIBL 2004). Dieser vordere Abschnitt wird nicht den Nasennebenhöhlen zugerechnet und ist für die dorsale Nasenmuschel als Cavum nasoturbinale und für die ventrale Nasenmuschel als Cavum maxilloturbinale zu bezeichnen (ZIETZSCHMANN 1943). Laut NICKEL u. WILKENS (1958) sind in der dorsalen Muschel drei, vier oder sieben, mindestens jedoch zwei Cellulae ausgebildet. In der ventralen Muschel sind ein bis zwei Cellulae, selten mehr aufzufinden. Die Zugänge in die Cellulae sind schlitzförmig oval oder rundlich und im dorsalen Recessus ventral und im ventralen Recessus dorsal gerichtet. Beschrieben ist auch eine teilweise Kommunikation zweier Zellen untereinander mit gemeinsamen Zugang (NICKEL u. WILKENS 1958). Der kaudale Abschnitt ist dadurch gekennzeichnet, dass die Spirallamelle mit den Nachbarknochen unter Entstehung einer Muschelhöhle verschmilzt (WAIBL 2004). Im kaudalen Abschnitt der dorsalen Nasenmuschel entsteht der Sinus conchae dorsalis, in der ventralen Nasenmuschel der Sinus conchae ventralis (WAIBL 2004; SALOMON 2008a; WISSDORF et al. 2010; LIEBICH u. KÖNIG 2012). Eine besondere Bildung ist die Bulla im kaudolateralen freien Rand der Concha nasalis ventralis (WAIBL 2004). Bemerkenswerterweise ragt diese Bulla in die NNH (S. conchae ventralis und S. maxillaris rostralis) hinein. Sie entsteht durch das Einrollen der Spirallamelle über lateral nach ventral an der Maxilla entlang und Vorwölbung in die NNH. An anderer Stelle verschmilzt die Spirallamelle direkt mit der Maxilla (ACKERKNECHT 1943). Sofern diese Bulla ausgebildet ist, hängt sie von dorsomedial in die rostrale Kieferhöhle hinein und besitzt dort eine weite Zugangsöffnung, die ventromedial gerichtet ist (NICKEL u. WILKENS 1958).

Die knöcherne Grundlage der mittleren Nasenmuschel (Concha nasalis media) ist das Endoturbinale II (NICKEL et al. 2004; SALOMON 2008b; WISSDORF et al. 2010). Sie ist beim Pferd im Vergleich zu den anderen Haussäugetieren relativ klein und ragt von kaudal kommend nur bis in Höhe des letzten Backenzahns (NICKEL et al. 2004; NÖLLER u. BUDRAS 2009; WISSDORF et al. 2010). Die mittlere Nasenmuschel beherbergt den Sinus conchae mediae (WAIBL 2004; SALOMON 2008a; NÖLLER u. BUDRAS 2009; WISSDORF et al. 2010; KÖNIG u. LIEBICH 2012).

Zahlreiche, individuell und rassespezifisch ausgebildete Siebbeinmuscheln (Conchae ethmoidales) bleiben in ihrer Ausbildung auf den Nasengrund beschränkt. Sie sind mit Riechschleimhaut überzogen und vergrößern somit die Riechfläche (NICKEL et al. 2004; WISSDORF et al. 2010).

2.1.1.4 Nasengänge

Der Innenraum der Nasenhöhle wird durch die Conchae zu mehreren Nasengängen (Meatus nasi) reduziert (DYCE et al. 1991; SALOMON 2008a). Es handelt sich um Luftwege unterschiedlicher Weite begrenzt durch die Kopfknochen, die Nasenmuscheln und die Nasenscheidewand (WAIBL 2004; WISSDORF et al. 2010). Es werden vier Nasengänge unterschieden (WISSDORF et al. 2010). Der dorsale Nasengang (Meatus nasi dorsalis) verläuft zwischen dem Nasenhöhlendach und der dorsalen Nasenmuschel. Er führt die Luft zu dem im Nasengrund befindlichen Riechorgan und wird daher auch als Riechgang bezeichnet (WAIBL 2004; SALOMON 2008a; KÖNIG u. LIEBICH 2012). Dieser Nasengang zeichnet sich durch einen vergleichsweise engen Durchmesser aus (WISSDORF et al. 2010).

Der mittlere Nasengang (Meatus nasi medius), der wie der dorsale einen engen Durchmesser besitzt und ebenfalls zum Nasengrund führt, ist zwischen der dorsalen und ventralen Nasenmuschel ausgebildet (WAIBL 2004; SALOMON 2008a; WISSDORF et al. 2010). Im mittleren Nasengang finden die Nasennebenhöhlen Anschluss an die Nasenhöhle, weshalb dieser Gang auch als Sinusgang bezeichnet wird (WAIBL 2004; SALOMON 2008a; WISSDORF et al. 2010; KÖNIG u. LIEBICH 2012).

Der dritte Nasengang ist der ventral gelegene, Meatus nasi ventralis, der sich durch seine Geräumigkeit auszeichnet (WAIBL 2004; SALOMON 2008a; WISSDORF et al. 2010). Er verläuft zwischen der ventralen Nasenmuschel und dem Nasenhöhlenboden. Nach kaudal geht dieser Gang über den Meatus nasopharyngeus in den Nasenrachen über (WAIBL 2004; SALOMON 2008a). Der ventrale Nasengang wird auch als Atmungsgang bezeichnet, da durch ihn der Großteil der Atemluft strömt (WAIBL 2004; SALOMON 2008a; KÖNIG u. LIEBICH 2012).

Der paramedian gelegene Spalt zwischen dem Septum nasi und den Nasenmuscheln ist der gemeinsame Nasengang, Meatus nasi communis (WAIBL 2004). Es handelt sich um einen sagittalen Spaltraum (SALOMON 2008a), der dorsal, am Nasendach beginnend, bis ventral zum Nasenboden verläuft (WAIBL 2004; SALOMON 2008a; WISSDORF et al. 2010). Mit Hilfe des Meatus nasi communis stehen die anderen drei Nasengänge medial untereinander in Verbindung (WAIBL 2004; KÖNIG u. LIEBICH 2012).

2.1.1.5 Nasennebenhöhlen (NNH)

Bei den Nebenhöhlen der Nase (Sinūs paranasales) handelt es sich um schleimhautausgekleidete Hohlräume, die unter Verdrängung der Diploe in bestimmte Kopfknochen einwachsen (NICKEL et al. 2004; SALOMON 2008a; WISSDORF et al. 2010). Sie liegen somit zwischen der Lamina interna und der Lamina externa der kompakten Knochen (NICKEL et al. 2004; BUDRAS u. RÖCK 2009). Auch ein Einwachsen in die Muschelbeine führt zur Entstehung von NNH (WAIBL 2004). Die Entwicklung beginnt in der späten Fetalperiode. Epithelknospen ektodermalen Ursprungs dringen in das Mesenchym vor und erweitern sich zu Schleimhauttaschen, die ihre Verbindung zur Nasenhöhle nicht verlieren (SCHNORR u. KRESSIN 2001). Erst nach der Geburt erfolgt die endgültige Ausgestaltung der NNH (SCHNORR u. KRESSIN 2001; WAIBL 2004; WISSDORF et al. 2010). Sie sind erheblichen Veränderungen durch altersabhängige Entwicklungen des Kopfes unterworfen (WAIBL 2004; WISSDORF et al. 2010). Die endgültige Gestalt ist erst beim adulten Individuum erreicht (SALOMON 2008b).
Die Pneumatisierung der Kopfknochen führt zu einer Reduktion des spezifischen Gewichts, bei gleichzeitiger Erschaffung großer Ansatzflächen für die Kaumuskulatur und große Räumlichkeiten zur Unterbringung des Zahnapparates (DYCE et al. 1991; WAIBL 2004; SALOMON 2008a; KÖNIG u. LIEBICH 2012). Sie führen zu einer Isolation der Augen-, Nasen- und Schädelhöhle und bieten diesen empfindlichen Strukturen somit thermalen und mechanischen Schutz (DYCE et al. 1991; KÖNIG u. LIEBICH 2012). Letztlich nehmen die NNH noch Einfluss auf die Lautäußerung, in dem sie als Resonanzräume die Stimmbildung beeinflussen (DYCE et al. 1991).
Je nach Autor und damit verbundener Zusammenfassung einzelner NNH zu einem gemeinsamen Kompartiment sind in der Literatur unterschiedliche Angaben hinsichtlich der Anzahl der NNH des Pferdes auffindbar. So variiert die Anzahl von vier (SALOMON 2008a), fünf (LIEBICH u. KÖNIG 2012), über sechs (HILLMANN 1975; WAIBL 2004; WISSDORF et al. 2010), bis hin zu sieben (PERKINS 2002; BARAKZAI 2004; O'LEARY u. DIXON 2011) NNH.
Im Folgenden soll eine übersichtliche Beschreibung der equinen NNH erfolgen, orientiert an den Nomina anatomica veterinaria (NAV 2005).

2.1.1.5.1 Sinus maxillaris

Die Kieferhöhle (Sinus maxillaris) des Pferdes befindet sich in der Maxilla und den Ossa lacrimale und zygomaticum (ACKERKNECHT 1943; NICKEL et al. 2004; SALOMON 2008b; LIEBICH u. KÖNIG 2012). Laut NICKEL u. WILKENS (1958) und Salomon (2008a) ist auch noch die Lamina externa des Siebbeins an der Begrenzung beteiligt. Die Kieferhöhle ist in ihrer Gesamtheit die geräumigste NNH des Pferdes (WAIBL 2004; SALOMON 2008a). Bei jungen Tieren findet die Kieferhöhle zunächst ihre Begrenzung dorsal der Crista facialis und kaudal des For. infraorbitale (WAIBL 2004). Beim erwachsenen Pferd wird die dorsale Grenze durch eine Linie beschrieben, die vom nasalen Augenwinkel bis zur Inc. nasoincisiva (SALOMON 2008a; WISSDORF et al. 2010), bzw. bis zur Mitte des Nasenrückens (ACKERKNECHT 1943) verläuft. Die rostrale Begrenzung findet sich laut SALOMON (2008a) und WISSDORF et al. (2010) ca. 20 - 25 mm rostral des Vorderendes der Crista facialis. Differenzierter erfolgt die Betrachtung durch ACKERKNECHT (1943). So sei bei ca. 75 % der erwachsenen Pferde die rostrale Grenze bis zu 5 cm rostral der Gesichtsleiste, bei der Mehrheit der verbleibenden Pferde genau auf Höhe des Vorderendes der Crista facialis und nur in äußerst seltenen Fällen kaudal davon (ACKERKNECHT 1943). Kaudal erstreckt sich die Kieferhöhle des Pferdes bis auf einer Querebene durch die temporalen Augenwinkel beider Augen (ACKERKNECHT 1943; WAIBL 2004), bzw. bis zur Senkrechten der Crista facialis auf Höhe der Mitte des Margo supraorbitalis (SALOMON 2008a; WISSDORF et al. 2010). Ventral wird die Kieferhöhle durch den Alveolarknochen begrenzt (ACKERKNECHT 1943; SALOMON 2008a; WISSDORF et al. 2010). Es sei an dieser Stelle erwähnt, dass durch die Entwicklung der Backenzähne der Boden der Kieferhöhle deutliche Veränderungen erfährt. Bei sehr jungen Tieren erreichen die Backenzähne nicht den Boden der NNH. Sie sind durch spongiöses Knochengewebe von der NNH getrennt, und der Boden erscheint zu diesem Zeitpunkt fast eben (ACKERKNECHT 1943). Der Can. infraorbitalis liegt diesem flach auf und bildet einen rundlichen Wulst (ACKERKNECHT 1943; NICKEL u. WILKENS 1958). In einem Alter von vier bis fünf Monaten ragen die Alveolen in das Lumen der Kieferhöhle hinein. Die zylinderartigen Vorstülpungen werden an der dorsomedialen Seite durch den Can. infraorbitalis miteinander verbunden. Beim einjährigen Pferd verschmelzen diese Kuppen zu einem längsverlaufenden Alveolarwulst. Im Folgenden findet eine Muldenbildung auf den Kuppen statt, die mit der beginnenden Wurzelbildung der Backenzähne in

Zusammenhang steht (ACKERKNECHT 1943). Der Can. infraorbitalis hebt sich in der weiteren Entwicklung von den Alveolen ab und steht mit diesen noch durch einen Knochenstegs in Verbindung (ACKERKNECHT 1943; NICKEL u. WILKENS 1958). Bis zu einem Alter von etwa drei Jahren engen die im Bereich der Kieferhöhle befindlichen Backenzähne das Lumen durch zunehmendes Längenwachstum ein. Später stellt sich durch Verkürzung der Zähne ein entgegengesetzter Effekt ein (ACKERKNECHT 1943). Für weitere Informationen über den equinen Zahnapparat s. Abschnitt 2.1.2.

Im Gegensatz zu den anderen Haussäugetieren ist die Kieferhöhle des Pferdes in zwei Abteilungen unterteilt, dem Sinus maxillaris rostralis et caudalis (WAIBL 2004). Die individuell in der Lage variable, querverlaufende Scheidewand, das Septum sinuum maxillarium, gliedert den Raum in eine kleine rostrale und eine große kaudale Kieferhöhle (ACKERKNECHT 1943; NICKEL et al. 2004; WISSDORF et al. 2010). Diese knöcherne Scheidewand (BUDRAS u. RÖCK 2009; LIEBICH u. KÖNIG 2012) ist in ihrem ventralen Bereich stärker ausgebildet als dorsal. Sie ist beidseits von Schleimhaut überzogen, so dass ggf. vorhandene knöcherne Defekte im mittleren, bzw. dorsalen Abschnitt verschlossen sind und somit eine vollständige Trennung zwischen beiden Kieferhöhlen erfolgt (ACKERKNECHT 1943; NICKEL u. WILKENS 1958). Laut WISSDORF et al. (2010) kann die Scheidewand auch unvollständig sein und bei Maultieren oder Mauleseln sogar gänzlich fehlen. Bei ca. 54 % der erwachsenen Pferde befindet sich die Scheidewand 5 - 6,5 cm kaudal des Vorderendes der Crista facialis. Bei den restlichen Tieren rostral davon. In seltenen Fällen bis zu 2 cm kaudal des Vorderendes der Crista facialis. Der Verlauf der Scheidewand ist entweder schräg kaudodorsal oder geknickt (ACKERKNECHT 1943). Laut WAIBL (2004) verläuft das Septum individuell unterschiedlich gewellt. Es besteht ein Kontakt zum Os lacrimale und zur Maxilla bis auf Höhe des Tränenkanals (Ductus nasolacrimalis). Nach ventral stößt es an die Alveolen der Backenzähne und setzt medial an der Knochenplatte an, die im oberen freien Rand den Can. infraorbitalis enthält. Nach dorsal steht die Scheidewand in Kontakt mit Anteilen der Spirallamelle der Concha nasalis ventralis, die sich individuell unterschiedlich nach kaudal in den Sinus maxillaris caudalis vorwölbt (NICKEL u. WILKENS 1958).

Der Sinus maxillaris rostralis liegt vollständig in der Maxilla (WAIBL 2004; LIEBICH u. KÖNIG 2012). Nach medial, über die Kontur des Can. infraorbitalis hinweg, steht er in Verbindung mit der ventralen Muschelhöhle (ACKERKNECHT 1943; NICKEL et al. 2004).

Der Sinus maxillaris caudalis begrenzt kraniomedial die Orbitawand (WAIBL 2004). Durch die kaudale Fortsetzung des Can. infraorbitalis und der ihn stützenden Knochenleiste wird diese Höhle in zwei Abteilugen unterteilt. Es entsteht eine große ventrolaterale und eine kleine dorsomediale Abteilung (NICKEL u. WILKENS 1958; WAIBL 2004).

2.1.1.5.2 Sinus conchae ventralis

Die ventrale Muschelhöhle (S. conchae ventralis) ist, wie in Abschnitt 2.1.1.3 beschrieben, die durch das Septum conchae ventralis getrennte kaudale Abteilung der ventralen Nasenmuschel. Für nähere Informationen s. Abschnitt 2.1.1.3.

2.1.1.5.3 Sinus conchae dorsalis u. Sinus frontalis (S. conchofrontalis)

Der Begriff Sinus conchofrontalis ist eine zusammengesetzte Bezeichnung für die Stirnhöhle (S. frontalis) und die dorsale Muschelhöhle (S. conchae dorsalis), welche beim Pferd ineinander übergehen (NAV 2005). Der S. conchae dorsalis steht in weiter Kommunikation mit dem S. frontalis (NICKEL et al. 2004; WISSDORF et al. 2010). Lediglich im kaudalen Bereich springen einzelne Knochenlamellen des Siebbeins hervor, die für eine deutliche Abtrennung beider NNH sorgen (ACKERKNECHT 1943; NICKEL u. WILKENS 1958).

Eine detaillierte Beschreibung des S. conchae dorsalis erfolgt in Abschnitt 2.1.1.3. Rostral reicht die dorsale Muschelhöhle bis zum zweiten molaren Backenzahn (M2) (ACKERKNECHT 1943), bzw. bis zur Transversalebene, die durch die Mitte der Verbindungslinie zwischen nasalem Augenwinkel und Vorderende der Crista facialis gebildet wird (WISSDORF et al. 2010).

Der S. frontalis des Pferdes umlagert die kaudale Nasenhöhle, die dorsale und mediale Orbita sowie den rostralen Abschnitt der Schädelhöhle (WAIBL 2004). Sie liegt zwischen den Laminae interna et externa des Os frontale (ACKERKNECHT 1943; NICKEL u. WILKENS 1958) und kann bei älteren Pferden nach rostral bis in das Os nasale hineinreichen (ZIETZSCHMANN 1943; NICKEL et al. 2004). Diese ausschließlich durch Ackerknecht (1943) als Nasenbeinsinus bezeichnete Pneumatisierung des Os nasale, wird von anderen Autoren als rostrale Ausdehnung des Sinus frontalis verstanden (NICKEL u. WILKENS 1958). Eine zusätzliche dorsale Begrenzung erfolgt laut NICKEL u. WILKENS (1958) und ACKERKNECHT (1943) durch das Os lacrimale. Beim Saugfohlen endet der Sinus frontalis an der Orbita (NICKEL u. WILKENS 1958; WAIBL 2004). Beim zweijährigen Pferd dehnt sich die Stirnhöhle dorsal über die Orbita hinaus, weiter nach kaudal in das Os frontale aus (NICKEL u. WILKENS 1958). Bei älteren Pferden wird die kaudale Begrenzung entweder als eine Transversalebene ein bis zwei Fingerbreiten hinter dem Jochfortsatz des Stirnbeins (NICKEL u. WILKENS 1958) oder als eine Transversalebene, die auf der Mitte der Verbindung des temporalen Augenwinkels mit dem Kiefergelenk verläuft, beschrieben (WISSDORF et al. 2010). Nach ACKERKNECHT (1943) reicht die rostrokaudale Längenausdehnung von einer Querebene rostral des Kiefergelenks bis zu einer Querebene auf Höhe des M2. Andere Autoren beschreiben die rostrale Grenze auf einer der Mitte der Verbindungslinie zwischen dem nasalen Augenwinkel und dem For. infraorbitale (NICKEL u. WILKENS 1958), bzw. dem Rostralende der Crista facialis (WISSDORF et al. 2010). Die laterale Begrenzung verläuft auf einer Verbindungslinie zwischen der Inc. nasoincisiva und dem Margo supraorbitalis und erfolgt durch das Os frontale (WISSDORF et al. 2010). Nach medial reicht der Sinus frontalis bis an die Medianebene (ACKERKNECHT 1943). Er ist von dem der kontralateralen Seite jedoch vollständig getrennt (ACKERKNECHT 1943; NICKEL et al. 2004). Diese Trennung erfolgt durch das nicht immer streng in der Medianen liegende Septum sinuum frontalium (NICKEL u. WILKENS 1958). Durch quergestellte Knochenleisten (Lamellae intrasinusales), die in das Lumen der NNH hineinragen erfolgt eine weitere Unterteilung des Sinus frontalis (NICKEL u. WILKENS 1958; WAIBL 2004; NAV 2005). Es entstehen drei Abteilungen, eine rostrale, eine mediale und eine kaudale, die untereinander in Kommunikation stehen (NICKEL u. WILKENS 1958; WAIBL 2004). Mit Hilfe von Ausgusspräparaten ist zu erkennen, dass bereits beim Saugfohlen eine große Stirnmuschelhöhle angelegt ist, dessen Pneumatisierung mit zunehmenden Alter weiter nach kaudodorsal fortschreitet (NICKEL u. WILKENS 1958).

2.1.1.5.4 Sinus palatinus u. Sinus sphenoidalis (S. sphenopalatinus)

Die Bezeichnung Gaumen-Keilbeinhöhle (S. sphenopalatinus) ist pferdespezifisch und darin begründet, dass bei dieser Tierart die Keilbeinhöhle (S. sphenoidalis) zumeist Anschluss an die Gaumenhöhle (S. palatinus) findet (NICKEL et al. 2004; WAIBL 2004; NAV 2005; SALOMON 2008b; BUDRAS u. RÖCK 2009; LIEBICH u. KÖNIG 2012). Hinsichtlich der Kommunikation der Keilbein- mit der Gaumenhöhle sind in der Literatur folgende Angaben zu finden: In circa der Hälfte der Fälle stehen die Keilbeinhöhlen mit der entsprechenden Gaumenhöhle über eine 10 - 16 mm breite und 5 - 10 mm hohe Öffnung in Verbindung. Eine beiderseits vorhandene Querscheidewand verhindert in ca. 33 % der Fälle die Kommunikation zwischen den beiden NNH jeder Seite. In ca. 13 % ist diese Scheidewand nur einseitig ausgebildet (ACKERKNECHT 1943). In den Fällen, wo keine Verbindung zwischen dem S. palatinus und S. sphenoidalis existiert, erfolgt die Belüftung des S. sphenoidalis über dem ventralen Meatus ethmoidales (ACKERKNECHT 1943; NICKEL u. WILKENS 1958).

Der S. palatinus liegt in der Lamina perpendicularis des Os palatinum (ACKERKNECHT 1943; NICKEL et al. 2004; SALOMON 2008b). Weitere Anteile im Os ethmoidale und im Vomer (WAIBL 2004). Das Siebbein bildet das Dach der Gaumenhöhle, an der dorsomedialen Begrenzung ist der Vomer beteiligt. Nasal bildet die Gaumenhöhle zwei übereinanderliegende Buchten, die durch den Can. palatinus major voneinander getrennt werden (ACKERKNECHT 1943; NICKEL u. WILKENS 1958). Ab einem Alter von fünf Jahren legen sich diese beiden Buchten von medial an den S. maxillaris caudalis, von dem sie zeitlebens durch eine dünne knöcherne Scheidewand getrennt bleiben. Im weiteren Verlauf nach kaudal erstreckt sich der horizontal gelagerte Abschnitt des S. palatinus, der zunehmend eine dreieckige Querschnittsform annimmt (NICKEL u. WILKENS 1958). Laut ACKERKNECHT (1943) ist in mehr als der Hälfte der Fälle die linke Gaumenhöhle größer als die rechte. Bereits beim Saugfohlen ist eine weitgehend entwickelte Gaumenhöhle auffindbar. Die angesprochenen Buchten gewinnen mit zunehmenden Alter an Ausprägung (NICKEL u. WILKENS 1958).

Der S. sphenopalatinus liegt im Gegensatz zu den übrigen NNH, die sich in den paarig angelegten Kopfknochen befinden, im unpaaren Keilbein (Os sphenoidale) (NICKEL u. WILKENS 1958). Das Os sphenoidale besteht aus zwei hintereinander liegenden, ähnlich geformten Knochen: dem vorderen Keilbein (Os praesphenoidale) sowie dem hinteren Keilbein (Os basisphenoidale). Sie sind zunächst über die Synchondrosis intersphenoidalis miteinander verbunden, welche im Alter von zweieinhalb bis drei Jahren verknöchert (ZIETZSCHMANN 1943; NICKEL et al. 2004). Der S. spenoidalis pneumatisiert beim Jungtier den Corpus ossis praesphenoidalis, beim älteren Tier, ab zweieinhalb (ACKERKNECHT 1943) bzw. drei Jahren (ZIETZSCHMANN 1943), auch den Corpus ossis basisphenoidalis

(NICKEL et al. 2004; SALOMON 2008b) sowie die Orbitaflügel des Praesphenoids, die Alae ossis praesphenoidalis (ACKERKNECHT 1943; NICKEL u. WILKENS 1958). Trotz unpaarer Knochenanlage ist eine Unterscheidung in ein linke und rechte Keilbeinhöhle durch Ausprägung einer nicht in der Medianen liegenden, längsverlaufenden Scheidewand möglich (ACKERKNECHT 1943; NICKEL u. WILKENS 1958; SALOMON 2008b). Laut LIEBICH (2012) erfolgt durch die Scheidewand eine unvollständige Trennung der paarigen Keilbeinhöhlen. NICKEL u. WILKENS (1958) hingegen betonen die Asymmetrie der beiden Höhlen im kontralateralen Seitenvergleich.

2.1.1.5.5 Sinus conchae mediae

Die mittlere Nasenmuschelhöhle (Sinus conchae mediae) wird ausführlich im Abschnitt 2.1.1.3 besprochen. Sie ist verhältnismäßig klein und reicht im Gegensatz zu anderen Haussäugetieren beim Pferd nach rostral nicht über den Nasengrund hinaus (BUDRAS u. RÖCK 2009). Über die Kommunikation des Sinus conchae mediae mit anderen NNH und der Nasenhöhle sind unterschiedliche Aussagen zu finden. Für weitere Informationen s. Kapitel 2.1.1.6.

2.1.1.6 Verbindungen der einzelnen NNH untereinander

Die Kommunikation der einzelnen NNH untereinander und mit dem mittleren Nasengang, dem sog. Sinusgang, ist tierartlich unterschiedlich ausgebildet. Es werden zwei Verbindungssysteme unterschieden: Die Höhlen vom Typ A sind mit einem engen Zugang zum mittleren Nasengang hintereinandergeschaltet, wohingegen die Höhlen vom Typ B mit den Meatus ethmoidales über jeweils eigene Zugänge verbunden sind. Höhlen vom Typ B sind somit nebeneinander geschaltet (WAIBL 2004). Das Pferd besitzt laut WAIBL (2004) ausschließlich Höhlen vom Typ A, die in Kommunikation mit dem Meatus nasi medius stehen. Den beiden Kieferhöhlen sind die übrigen NNH nachgeschaltet (NICKEL et al. 2004). Der S. maxillaris rostralis steht in Verbindung mit dem S. conchae ventralis (ACKERKNECHT 1943; NICKEL u. WILKENS 1958; WAIBL 2004; SALOMON 2008b; BUDRAS u. RÖCK 2009; WISSDORF et al. 2010; LIEBICH u. KÖNIG 2012). Die Kommunikation dieser beiden Kompartimente erfolgt, von lateral betrachtet, dorsomedial über den Can. infraorbitalis hinweg in den S. conchae ventralis (ACKERKNECHT 1943; NICKEL et al. 2004; WAIBL 2004). Dieser ventral geradlinige, dorsal gebogen begrenzte weite Zugang (NICKEL u. WILKENS 1958) wird als Apertura conchomaxillaris bezeichnet (NICKEL et al. 2004; NAV 2005; SALOMON 2008b; WISSDORF et al. 2010; LIEBICH u. KÖNIG 2012). In einer computertomographischen Studie wies diese sagittal orientierte Öffnung eine Länge von 30 - 50 mm und eine Weite von 1 - 8 mm auf und lag auf Höhe des rostralen Endes des zweiten Molaren (M2) bis mittig des dritten Molaren (M3) (PROBST et al. 2005).

Dem S. maxillaris caudalis ist der S. conchofrontalis und der S. sphenopalatinus angefügt (ACKERKNECHT 1943; NICKEL u. WILKENS 1958; WAIBL 2004; SALOMON 2008b; WISSDORF et al. 2010; LIEBICH u. KÖNIG 2012). Die Kommunikationsöffnung zwischen dem S. conchofrontalis und dem S. maxillaris caudalis heißt Apertura frontomaxillaris (NICKEL et al. 2004; WAIBL 2004; NAV 2005; SALOMON 2008b; BUDRAS u. RÖCK 2009; LIEBICH u. KÖNIG 2012). Diese im Dach des S. maxillaris caudalis liegende Öffnung befindet sich auf Höhe der nasalen Augenwinkel (ACKERKNECHT 1943; NICKEL u. WILKENS 1958). Laut ACKERKNECHT (1943) handelt es sich um eine 4 - 4,5 cm lange und 2,5 - 3,5 cm breite Öffnung. Im Gegensatz dazu beschreibt PROBST et al. (2005) diese dorsal orientierte Öffnung mit einer Längenausdehnung von 20 - 50 mm und einer Weite von 15 - 40 mm, die sich auf Höhe des dritten Prämolaren (P4) bis 20 mm kaudal des dritten Molaren (M3) ausdehnt. Nach NICKEL et al. (2004) wird die Öffnung zwischen dem S. maxillaris caudalis und dem S. sphenopalatinus als Apertura palatomaxillaris bezeichnet. Sie liegt kaudoventral in der dorsomedialen Abteilung des Sinus maxillaris caudalis und führt in den Sinus palatinus (NICKEL u. WILKENS 1958). Laut ACKERKNECHT (1943) befindet sich die Öffnung auf eine Querebene durch die temporalen Augenwinkel zwischen dem Can. infraorbitalis und dem Siebbeinlabyrinth und sei 31 mm lang und 15 mm breit. PROBST et al. (2005) beschreibt diese sagittal oblique orientierte Öffnung mit einer Länge von 15 - 25 mm und einer Weite von 10 - 26 mm, befindlich auf Höhe kaudal des dritten Molaren (M3) bis zur Fossa pterygopalatina.

Hinsichtlich der Kommunikation des S. conchae media mit benachbarten Sinūs sind zwei unterschiedliche Aussagen publiziert. Einige Autoren beschreiben einen Anschluss dieses NNH-Kompartiments an den S. maxillaris caudalis (NICKEL u. WILKENS 1958; WISSDORF et al. 2010). Laut NICKEL u. WILKENS (1958) führt von der medialen Abteilung der großen Kieferhöhle ein schmaler, mäßig oroventral geneigter Schlitz in der Lamina externa des Siebbeins in den S. conchae mediae.

Andere Autoren beschreiben einen eigenen, schlitzförmigen Zugang dieser NNH zur Nasenhöhle (BUDRAS u. RÖCK 2009; NÖLLER u. BUDRAS 2009). In keiner der Beschreibungen ist diese Öffnung mit einem Eigennamen versehen.
Auch die weitläufige Öffnung zwischen dem S. conchae dorsalis und dem S. frontalis sowie die Öffnung zwischen dem S. palatinus und dem S. sphenoidalis sind nicht eigens benannt.
Durch den Anschluss aller weiteren NNH an die voneinander getrennten maxillären Sinus entstehen aus funktioneller Sicht zwei NNH-Gruppen, die nicht in direkter Kommunikation miteinander stehen (COOK 1966a; BARAKZAI 2004; O'LEARY u. DIXON 2011)

2.1.1.7 Verbindungen zwischen der Nasenhöhle und den NNH

Die NNH des Pferdes sind dem mittleren Nasengang, dem Sinusgang angeschlossen (NICKEL u. WILKENS 1958; WAIBL 2004). Die Apertura nasomaxillaris (A. n.) bietet dem rostralen und dem kaudalen S. maxillaris einen gemeinsamen Zugang (PERKINS 2002; WAIBL 2004; SALOMON 2008a; BUDRAS u. RÖCK 2009; TATARNIUK et al. 2009; WISSDORF et al. 2010; LIEBICH u. KÖNIG 2012). Im Gegensatz dazu beschreibt COOK (1966a) anhand von Ausgusspräparaten einerseits einen Ductus nasomaxillaris („naso-maxillary duct"), der eine Verbindung des S. maxillaris caudalis mit dem mittleren Nasengang darstellt sowie ein eigenständiges Ostium zur Belüftung des S. maxillaris rostralis.
Bereits beim Foetus erfolgt eine Ausstülpung der Schleimhaut des mittleren Nasengangs als unterteilte Ausbuchtung in das Os maxillare, wodurch die frühe Anlage des zweigeteilten S. maxillaris sowie des zweigeteilten Zugangs entsteht (BUDRAS u. RÖCK 2009). Bei der A. n. handelt es sich um eine dorsoventral abgeplattete Öffnung mit einem sich anschließenden, spaltförmigen Kanal, der zwischen der dorsalen und ventralen Nasenmuschel auf Höhe des fünften (M2, 110/210) bis sechsten (M3, 111/211) Backenzahns liegt (ACKERKNECHT 1943; NICKEL u. WILKENS 1958; PROBST et al. 2005). Die Längenausdehnung der A. n. variiert. So ist sie laut ACKERKNECHT (1943) 1,5 - 2 cm lang. Probst et al. (2005) gibt eine Länge von 30 - 35 mm an. Laut TATARNIUK et al. (2009) beträgt die rostro-kaudale Länge der A. n. 61,18 mm. Die Höhe zwischen Decke und Boden des Kanals beträgt 1-2,5 mm (ACKERKNECHT 1943), 1-2 mm (PROBST et al. 2005), bzw. 2 mm (TATARNIUK et al. 2009). Die A. n. beginnt an der mesialen Kontaktfläche des vierten Prämolaren (P4, 108/208) und endet an der distalen

Kontaktfläche des ersten Molaren (M1, 109/209). Eine Variation im kontralateralen Seitenvergleich hinsichtlich der Position im Verhältnis zu den Zähnen konnte nicht festgestellt werden (TATARNIUK et al. 2009). Ausgehend von der A. n. entwickelt sich ein lateraler und ein kaudaler Ast. Während der laterale Schenkel auf Höhe des fünften Backenzahns den Zugang zum S. maxillaris rostralis schafft, führt der kaudale Schenkel auf Höhe des sechsten Backenzahns in den S. maxillaris caudalis (NICKEL u. WILKENS 1958). Die Anheftung der kaudal gerichteten Ausbuchtung des S. conchae ventralis („ventral conchal bulla") dorsal an die Maxilla sorgt für eine Bifurkation der A.n. und die Entstehung zweier eigenständiger Zugänge in die maxillären Sinus (TATARNIUK et al. 2009).

Der Zugang in den S. maxillaris rostralis liegt zwischen der Spirallamelle des Maxilloturbinale und der Maxilla. Beide Strukturen verwachsen partiell miteinander. An anderer Stelle bleibt eine Verwachsung allerdings aus, sodass ein Zugang zum S. maxillaris rostralis entsteht (ZIETZSCHMANN 1943; NICKEL u. WILKENS 1958; PERKINS 2002). Der Anschluss des S. maxillaris rostralis an den Kanal liegt medial auf Höhe des Canalis nasolacrimalis (ZIETZSCHMANN 1943; PERKINS 2002; TATARNIUK et al. 2009). NICKEL u. WILKENS (1958) und ZIETSCHMANN (1943) geben als Längenangabe für den Zugang 1,5 bis 2,5 cm an. PERKINS (2002) gibt für die maximale Weite des Anschluss der A.n. in den S. maxillaris rostralis 0,5 bis 2,2 cm an (Median 1,2 cm). NICKEL u. WILKENS (1958), PERKINS (2002) und TATARNIUK et al. (2009) finden stets einen Zugang zum S. maxillaris rostralis. Im Gegensatz dazu führt laut ACKERKNECHT (1943) meist ein enger Spalt in den S. maxillaris rostralis und zwar dann, wenn sich die ventrale Muschel in den S. maxillaris rostralis vorwölbt. Findet keine Vorwölbung statt, dann ist die Muschel evtl. mit der Maxilla verschmolzen und der Spalt fehlt (ACKERKNECHT 1943). In der computertomographischen Studie von PROBST et al. (2005) wird die A. n. als Verbindung zwischen dem S. maxillaris caudalis und dem mittleren Nasengang betrachtet. Eine Verbindung zum S. maxillaris rostralis bleibt in dieser Studie unerwähnt.

Der Zugang in den S. maxillaris caudalis wird dorsal begrenzt vom Boden des S. conchae dorsalis und ventral vom Dach des S. conchae ventralis (NICKEL u. WILKENS 1958; PERKINS 2002; TATARNIUK et al. 2009). Laut NICKEL u. WILKENS (1958) erfolgt medial und lateral eine Begrenzung durch kleine Schleimhautfalten. TATARNIUK et al. (2009) beschreibt als laterale Begrenzung die

Maxilla und als mediale Begrenzung die mediale Wand des S. conchae ventralis. Je nach Ausbildung der ventralen Nasenmuschel lassen sich gewisse Variationen hinsichtlich der Lage des Zugangs innerhalb der NNH feststellen. Erfolgt eine weite aborale Vorwölbung der Muschel, dann trifft die Mündung auf den kranialen Rand der Apertura frontomaxillaris und verbindet somit den mittleren Nasengang direkt mit dem S. conchofrontalis. Findet hingegen keine oder nur eine geringe Einwölbung der ventralen Muschel in den S. maxillaris caudalis statt, so liegt die Öffnung rostral der Stirnkieferhöhlenöffnung (ACKERKNECHT 1943; NICKEL u. WILKENS 1958).

2.1.1.8 Vaskularisation, Lymphabfluss, Innervation

Die arterielle Versorgung der Nasenhöhle und NNH erfolgt über Äste der A. maxillaris, die die Fortsetzung der A. carotis externa darstellt. Die A. ethmoidalis externa versorgt die dorsale Nasenmuschel, den dorsalen Nasengang (GRAU 1943) sowie Anteile der Nasenscheidewand (GRAU 1943; WAIBL et al. 2005). Weitere Anteile der Nasenscheidewand sowie der ventrale Nasengang werden von der A. sphenopalatina versorgt (GRAU 1943; WAIBL et al. 2005). Äste dieses Gefäßes versorgen auch die ventrale Nasenmuschel, die Kiefer- und Stirnmuschelhöhle sowie den kaudalen Teil des Tränennasenkanals (GRAU 1943). Das Siebbeinlabyrinth wird sowohl von Ästen der A. maxillaris wie auch von Ästen der A. carotis interna versorgt (BELL et al. 1995).

Es sind zahlreiche, kräftige Venenpolster sowohl im Bereich der Nasenmuscheln, wie auch im Bereich des ventralen Nasengangs und der Nasenscheidewand ausgebildet (WISSDORF et al. 2010). Die venöse Entsorgung dieser Strukturen erfolgt mit Hilfe der V. sphenopalatina (GRAU 1943; WAIBL et al. 2005; WISSDORF et al. 2010). Die Venengeflechte können im Rahmen einer Entzündung zu einer deutlichen Dickenzunahme der Schleimhaut führen und somit den Luftstrom hemmen. Die Wärme des Blutes erhöht die Luftfeuchte in der Nasenhöhle und ist somit für den Riechakt von Bedeutung (WAIBL 2004).

Die lymphatische Entsorgung erfolgt über die Lnn. mandibulares et retropharyngei (VOLLMERHAUS u. ROOS 2005; WISSDORF et al. 2010). Das tributäre Gebiet der Lnn. mandibulares umfasst u. a. den vorderen Teil der Nasenhöhle, wohingegen die Lnn. retropharyngei den Nasengrund und die NNH drainieren (VOLLMERHAUS u. ROOS 2005).

Die sensible Innervation der NNH-Schleimhaut erfolgt über Äste der Nn. frontalis et infraorbitalis (BÖHME 2004; WISSDORF et al. 2010). Der N. sinuum frontalium innerviert den S. frontalis und S. sphenopalatinus und die Rr. alveolares superiores den S. maxillaris rostralis und caudalis (WISSDORF et al. 2010).

2.1.1.9 Histologie der NNH- und Nasenschleimhaut

Das luftleitende System wird vorwiegend von einem respiratorischen Epithel ausgekleidet, welches von einschichtigen, mehrreihigen, hochprismatischen Zellen gebildet wird, die zumeist an ihrer freien Oberfläche Kinozilien tragen (LIEBICH 2004). Um die Reinigungsfunktion der oberen Atemwege zu erfüllen sind zwischen diesen Zellen zahlreiche schleimproduzierende Becherzellen intraepithelial lokalisiert (LIEBICH 2004). Das Gefäßsystem der respiratorischen Schleimhaut ist von besonderer funktioneller Bedeutung und modifiziert sie aufgrund der speziellen Ausbildung zu einem semi-erektilen Gewebe (DYCE et al. 1991; LIEBICH 2004). Im lockeren Bindegewebe sind kleine muskelstarke Arterien ausgebildet, die dieses senkrecht durchziehen und subepithelial ein feines Kapillargeflecht mit gefensterten Endothelien entstehen lassen (LIEBICH 2004). Postkapillär folgt ein sinusartig erweiterter Venenplexus, dessen Wände zahlreiche Längsmuskelpolster beinhalten. Durch sog. Sperrvenen, die durch temporäre Kontraktion der Muskelwand den abfließenden Blutstrom im submukösen Venengeflecht drosseln können, schwillt die Schleimhaut an (LIEBICH 2004). Die Dicke der Schleimhaut variiert somit je nach Ausmaß der Gefäßstauung, was im Extremfall die Nasenatmung stark beeinträchtigen kann (DYCE et al. 1991; WAGENMANN u. NACLERIO 1992). Es erfolgt eine regelmäßige Variation der Schleimhautdicke während des sog. physiologischen Nasenzyklus. Beim Menschen ist beschrieben, dass der Gesamtwiderstand der nasalen Atemwege konstant bleibt und von einem abwechselnden An- und Abschwellen jeder Seite über mehrere Stunden auszugehen ist (WAGENMANN u. NACLERIO 1992).

Im Nasenvorhof lassen sich drei Bereiche unterscheiden: rostral beginnend mit einem mehrschichtig verhornten Plattenepithel, in dem zahlreiche Haarfollikel und Talgdrüsen auffindbar sind, gefolgt von einer haarlosen Zone gleichen Charakters, hin zu einem mehrschichtigen Epithel mit kuboidalen Zellen (PIRIE et al. 1990). In der Nasenhöhle werden zwei Regionen unterschieden: Die Regio respiratoria und die Regio olfactoria (LIEBICH 2004). Die Regio respiratoria kleidet den größten Teil der Nasenhöhle aus und bedeckt die Nasenmuscheln, Nasengänge und auch die Nasenscheidewand mit einem respiratorischen Epithel. Im subepithelialen Bindegewebe finden sich tubuloazinöse, muköse und auch gemischte Drüsen, die

Gll. nasales (LIEBICH 2004). Dieses typische Bild findet sich in der Untersuchung von PIRIE (1990) v. a. im kaudalen Bereich der Nasenhöhle, an der dorsalen Conchae und im S. conchofrontalis, wohingegen im rostralen Bereich, an der ventralen Muschel und der Nasenscheidewand ein mehrschichtiges, nur teilweise mit Kinozilien besetztes Epithel vorherrscht. Die Regio olfactoria erstreckt sich im Bereich der Ethmoturbinalia, der dorsalen Endoturbinalia sowie Teilen der hinteren Nasenscheidewand und dient der Geruchswahrnehmung (LIEBICH 2004). Der Geruchssinn ist in der Riechschleimhaut lokalisiert, dessen Epithel aus Basalzellen, mehreren Reihen von Riechzellen und einer Reihe oberflächlich gelegener Stützzellen besteht (BÖHME 2004).

Im Bereich der NNH ist ein niedriges respiratorisches Epithel auffindbar, welches nur selten Drüsen einschließt und mit seiner Lamina propria mucosae dem Periost eng anliegt (LIEBICH 2004). In histologischen Untersuchungen des S. frontalis und S. maxillaris caudalis ist ein mehrreihiges Flimmerepithel gefunden worden, welches nur wenige Mukus produzierende Zellen aufwies (TREMAINE et al. 1999).Im Bereich der A. n. beträgt die Schleimhautdicke 0,2 - 0,25 mm., wohingegen Mikrometermessungen im Bereich der Boden- und Seitenwände der maxillären Sinus eine Dicke von 0,05-0,13 mm ergeben (ILLIG 1910). In seiner Untersuchung stellt ILLIG (1910) im Gegensatz zum bisher Gesagten fest, dass es sich bei dem Epithel in den maxillären Sinus um ein zwei- bis vierschichtiges, mit zahlreichen Becherzellen durchsetztes Epithel handle. Wobei im Bereich der A. n. die Schichtdicke am stärksten ist und in Richtung S. frontalis und S. sphenopalatinus abnehme. Genauso verhalte es sich mit den Becherzellen, die in der Umgebung der Mündung der A. n. höchst zahlreich vorkommen und in Richtung kaudal abnehmen (ILLIG 1910). Die Schleimhautdicke des S. maxillaris rostralis und S. conchae ventralis beträgt 0,13 - 0,15 mm und zeichnet sich im Vergleich zu der des S. maxillaris caudalis dadurch aus, dass sie durchgehend zweischichtig ist. Im S. sphenopalatinus beträgt die Schleimhautdicke 0,15 mm und das Flimmerepithel sei zweischichtig. Die Auskleidung des S. conchofrontalis ist von geringster Dicke (0,11 - 0,12 mm) und umfasst zwei Epithelzellschichten, gelegentlich auch als einschichtiges Epithel (ILLIG 1910).

2.1.1.10 Weitere Einrichtungen der Nasenhöhle

Der Nasen-Gaumenkanal (Ductus incisivus), der rostral am Nasenhöhlenboden seinen Ursprung nimmt und schräg rostroventral gerichtet ist, endet beim Pferd im Gegensatz zu den anderen Haussäugetieren blind (WAIBL 2004; SALOMON 2008a). Das Nasenbodenorgan (Organum vomeronasale, Jakobsonsches Organ) schließt sich an den Ductus incisivus an und stellt ein mit Sinnesepithel ausgestattetes Schleimhautrohr dar, welches auf Höhe des Eckzahns in der Mundhöhle beginnt und kaudal auf Höhe des P2 und P3 blind im Nasenhöhlenboden endet (WAIBL 2004; SALOMON 2008a). Das Nasenbodenorgan dient zur Wahrnehmung von Pheromonen (SALOMON 2008a; WISSDORF et al. 2010).

Eine weitere Einrichtung ist die laterale Nasendrüse (Gl. nasalis lateralis). Diese seröse Drüse (SALOMON 2008a) besteht aus einem nur millimetergroßen Drüsenkörper (WAIBL 2004) und liegt beim Pferd in der A. n. (WAIBL 2004; SALOMON 2008a). Die Öffnung des Ausführungsgangs befindet sich in einer Querebene zwischen dem P2 und P3 (WAIBL 2004).

Auf der Innenseite der Maxilla, der Facies nasalis, verläuft der knöcherne Abschnitt (Can. lacrimalis) des Tränennasengangs (Ductus nasolacrimalis), der sich mit seinem For. lacrimale rostrale beim Pferd oberhalb der Crista conchalis in die Nasenhöhle öffnet (NICKEL et al. 2004). Diese Mündung liegt im ventralen Teil des Nasenlochs, wenige Millimeter vor dem Übergang der pigmentierten Haut zur unpigmentierten Schleimhaut des Nasenvorhofs (WAIBL 2004; SALOMON 2008a; KÖNIG u. LIEBICH 2012). Sie kann gelegentlich doppelt ausgebildet sein (NÖLLER u. BUDRAS 2009)

2.1.2 Übersicht: Zahnapparat des Pferdes

Der Zahnapparat des Pferdes weist alle für einen Pflanzenfresser typischen Merkmale auf. Er ist auf die Zerkleinerung von Raufutter spezialisiert (THOME 2004; KÖNIG et al. 2012). Im heterodonten Säugetiergebiss werden vier Zahnarten unterschieden: 1. Schneidezähne (Dentes incisivi, I), 2. Eck- oder Hakenzähne (Dentes canini, C), 3. vordere Backenzähne (Prämolaren, Dentes praemolares, P), 4. hintere Backenzähne (Molaren, Dentes molares, M) (THOME 2004; SALOMON 2008c).

Die Backenzähne (Premolare und Molare) des Pferdes sind durch enorme Änderungen ihrer Länge im Zuge des pferdetypischen Zahnabriebs gekennzeichnet. Die stetig kürzer werdenden Zähne (Abrieb: drei bis vier mm pro Jahr) werden kompensatorisch aus ihrem Zahnfach ausgeschoben (THOME 2004). Zwangsläufig wird dadurch auch die Lagebeziehung der Backenzähne zu den NNH ständig dynamisch modifiziert.

2.1.2.1 Räumliche Anordnung der Backenzähne in den NNH

In der Literatur sind verschiedenste Angaben hinsichtlich der Positionierung der Backenzähne in den NNH auffindbar. Die meisten Autoren beschreiben eine Projektion der letzten vier Backenzähne in die maxillären Sinus (TAYLOR 1955; PERKINS 2002; BARAKZAI 2004; BAKER u. EASLEY 2007; ROBINSON u. FURLOW 2007; SALOMON 2008a; BUDRAS u. RÖCK 2009; WISSDORF et al. 2010), wobei der P4 und der M1 im S. maxillaris rostralis und der M2 und M3 im S. maxillaris caudalis liegen (BARAKZAI 2004; BAKER u. EASLEY 2007; ROBINSON u. FURLOW 2007). BAKER u. EASLEY (2007) weisen auf zahlreiche Variationen hin. So kann sich die rostrale Begrenzung des S. maxillaris rostralis in der Mitte des P3 oder bis zur Mitte des M1 erstrecken. Des Weiteren ist zu beachten, dass die Zähne während eines alterstypischen Drift nach rostral wandern und sich die Proportionen des Kopfes ändern, so dass der Kopf wie auch die NNH mit zunehmenden Alter länger erscheinen (BAKER u. EASLEY 2007). Auch BUDRAS u. RÖCK (2009) weisen darauf hin, dass die Zuordnung der Zahnwurzeln zu den Kieferhöhlen individuell variabel ist und in den kaudalen maxillären Sinus die letzten beiden oder letzten drei Backenzähne mit ihrem Alveolarüberzug hineinragen. In Übereinstimmung mit BAKER u. EASLEY (2007) weist auch DYCE et al. (1991) auf eine rostral Wanderung der Backenzähne hin. Altersabhängig besteht beim neugeborenen Fohlen zunächst ein Sinus-Kontakt zu den letzten Prämolaren und den ersten Molaren. Im weiteren Verlauf besteht Kontakt zu den letzten vier Zähnen, wobei im Alter dieser auf die letzten drei Backenzähne beschränkt bleibt (DYCE et al. 1991). Laut HILLMANN (1975) projizieren ausschließlich die letzten drei Backenzähne in die maxillären Sinus. WISSDORF et al. (2010) und SALOMON (2008a) beschreiben den Kontakt der Alveolarwände von P4, M1 und M2 und dem S. maxillaris rostralis sowie das Angrenzen der Alveolarwände von M2 und M3 an den S. maxillaris caudalis. Der individuelle Verlauf des Septum sinuum maxillarium sorgt dafür, dass die Alveole des M2 sowohl im Bereich des rostralen wie auch des kaudalen maxillären Sinus zum Liegen kommt, wobei der Großteil dieses Zahnes im Kontakt zum S. maxillaris caudalis steht (WISSDORF et al. 2010).

Bei allen Unterschieden in der Beschreibung der Lageverhältnisse der Backenzähne fällt auf, dass alle Autoren übereinstimmend von einer streng rostro-kaudalen Anordnung der maxillären Sinūs ausgehen. Stets wird eine rostrale Backenzahngruppe mit Kontakt zum S. maxillaris rostralis von einer kaudalen Backenzahngruppe mit Kontakt zum S. maxillaris caudalis unterschieden.

Diese Vielfalt in den Beschreibungen der anatomischen Verhältnisse gibt auch an dieser Stelle einen Hinweis auf die Variabilität und Individualität der Kopfanatomie.

2.2 Bildgebende Diagnostik zur Darstellung der Nasenhöhle und NNH

2.2.1 Endoskopie

Bei der Endoskopie als diagnostischem Hilfsmittel zur Untersuchung der Nasenhöhle und NNH ist die transnasale Endoskopie von der direkten Sinus-Endoskopie, der sog. Sinuskopie, zu unterscheiden (TREMAINE u. DIXON 2001a; BARAKZAI u. PERKINS 2005; DIXON et al. 2012). Laut BARAKZAI u. PERKINS (2005) ist eine direkte, transnasale Endoskopie der equinen NNH unmöglich. Im Gegensatz dazu verweisen andere Autoren auf Erfahrungsberichte, wonach mit Hilfe eines Endoskops mit einem Durchmesser von 3 mm eine transnasale Sinusendoskopie über die A. n. möglich ist (DIXON u. O'LEARY 2012). Laut BEARD u. HARDY (2001) ist die transnasale Endoskopie der NNH dann möglich, wenn die A. n. abnormal vergrößert ist, bzw. zuvor eine chirurgische Intervention stattgefunden hat.

2.2.1.1 Transnasale Endoskopie

Die transnasale Endoskopie ist ein diagnostisches Hilfsmittel, welches die Differenzierung zwischen einer Sinusitis als Ursache unilateralen Nasenausflusses von anderen Ursachen, wie beispielsweise Erkrankungen der Nasenhöhle, periapikalen Zahninfektionen der Backenzähne, Luftsackerkrankungen oder Infektionen der tiefen Atemwege, ermöglicht (BARAKZAI u. PERKINS 2005). Besondere Beachtung gilt dem sog. „Drainage angle“, welcher sich am kaudalen Ende des mittleren Nasengangs befindet, hinsichtlich des Vorkommens von mukopurulenten oder blutigen Exsudatspuren (TREMAINE u. DIXON 2001a; BARAKZAI u. PERKINS 2005; O'LEARY u. DIXON 2011). Das Vorliegen von Exsudat im Bereich der A. n. sowie im „Drainage angle“ gilt als sichere Methode zum Bestätigen einer Sinusitis und wurde in einer aktuellen Studie bei 78 % der an Sinusitis erkrankten Pferde vorgefunden (DIXON et al. 2012). Im Falle von intermittierenden Nasenausfluss besteht die Möglichkeit, dass zum Zeitpunkt der Untersuchung keine pathologischen Flüssigkeiten im Bereich der A. n. auffindbar sind (BEARD u. HARDY 2001). In der Studie von DIXON et al. (2012) sind bei 15 % der erkrankten Pferde sinunasale Fisteln am kaudalen Ende des mittleren Nasengangs festgestellt worden. Sie sind oftmals mit eitrigen Massen, die auch sequestrierte Knochenanteile enthalten, verschlossen (O'LEARY u. DIXON 2011;

DIXON et al. 2012). Zysten, die sich durch die A. n. aus der NNH in das Lumen der Nasenhöhle ausbreiten, wurden in einer Studie von 2006 in 25 % (WOODFORD u. LANE 2006) bzw. in einer aktuellen Studie in nur 5 % (DIXON et al. 2012) der Fälle nachgewiesen. Deformationen der Nasengänge oder der A. n. sind als mögliche Anzeichen einer expansiven Masse in den NNH zu betrachten (BEARD u. HARDY 2001). Es kann sich hierbei um sinunasale Zysten (BEARD u. HARDY 2001; WOODFORD u. LANE 2006), Siebbeinhämatome oder Tumore handeln (BEARD u. HARDY 2001).

2.2.1.2 Sinuskopie

Die direkte Sinus-Endoskopie ist eine minimalinvasive Technik (CHAN u. MUNROE 1995; PERKINS et al. 2009; DIXON et al. 2012), die am stehenden, tief sedierten Pferd durchgeführt werden kann (CHAN u. MUNROE 1995; WORSTER u. HACKETT 1999; BARAKZAI u. PERKINS 2005). Während der Endoskopie können die NNH-Schleimhaut und Flüssigkeitsansammlungen beurteilt und mikrobiologische und histologische Proben gewonnen werden (WORSTER u. HACKETT 1999; BARAKZAI u. PERKINS 2005). Die Sinuskopie ist sowohl mit rigiden Endoskopen, Arthroskopen, (RUGGLES et al. 1991; CHAN u. MUNROE 1995; DE ZANI et al. 2010) wie auch mit flexiblen Endoskopen (CHAN u. MUNROE 1995; WORSTER u. HACKETT 1999; PERKINS et al. 2009; DE ZANI et al. 2010) beschrieben. Laut CHAN u. MUNROE (1995) sind beide Endoskop-Systeme exzellent zur Darstellung der NNH geeignet, und die Wahl des geeigneten Systems hängt von der Präferenz des jeweiligen Chirurgen ab. Im Gegensatz dazu sehen andere Autoren deutliche Vorteile bei der Nutzung des flexiblen Endoskops hinsichtlich des größeren Sichtfeldes (WORSTER u. HACKETT 1999; PERKINS et al. 2009; DE ZANI et al. 2010).

Es sind verschiedene Trepanationsstellen für die Sinuskopie beschrieben, von denen drei am häufigsten in der Literatur aufgeführt werden: die Trepanation des S. frontalis, des S. maxillaris caudalis und des S. maxillaris rostralis (RUGGLES et al. 1991; WORSTER u. HACKETT 1999; BARAKZAI u. PERKINS 2005; TREMAINE 2007; PERKINS et al. 2009). Die größte Bedeutung hat die Trepanation des S. frontalis (BARAKZAI u. PERKINS 2005). Durch nachfolgende Perforation der nach kaudal gerichteten Ausbuchtung des S. conchae ventralis ist auch eine Untersuchung der rostralen NNH-Kompartimente möglich (BARAKZAI u. PERKINS 2005; TREMAINE 2007; PERKINS et al. 2009; DIXON et al. 2012). Es bleibt zu beachten, dass bei Pferden unter fünf (BARAKZAI u. PERKINS 2005) bzw. sechs

Jahren (PERKINS et al. 2009) die Trepanation des S. maxillaris rostralis unterbleiben sollte, da es sonst zu einer Schädigung der Backenzähne kommen kann. TREMAINE (2007) empfiehlt die Sinuskopie des rostralen maxillären Sinus erst ab einem Alter von 10 Jahren.

2.2.2 Röntgen

Als Vorbereitung auf die röntgenologische Untersuchung und zum Schutz der durchführenden Personen sollte das Pferd sediert und das Halfter gegen einen metalllosen Strick ausgetauscht werden. So können Bewegungsartefakte reduziert und Fremdkörperartefakte vermieden werden (BARAKZAI 2005). BEARD u. HARDY (2001) empfehlen die Durchführung von vier Projektionen: eine latero-laterale Aufnahme, eine Schrägaufnahme von jeder Seite und eine dorso-ventrale Aufnahme. Die Lateral-Aufnahmen dienen zum Auffinden von Flüssigkeitsspiegeln (BARAKZAI 2005), wohingegen Schrägaufnahmen insbesondere zur Beurteilung der Zahnwurzeln und –fächer geeignet sind (GIBBS u. HART 1992; BEARD u. HARDY 2001). BARAKZAI (2005) weist darauf hin, dass Flüssigkeitsspiegel in den Schrägaufnahmen ihre horizontale Ausrichtung verlieren und ggf. fälschlicherweise als Weichteilverschattung angesprochen werden. Dorso-ventrale Projektionen sind gut für die Beurteilung des S. conchae ventralis, der maxillären Sinus, der Nasenhöhle und des Nasenseptums geeignet (GIBBS u. HART 1992; BARAKZAI 2005). Es ist zu beachten, dass im Röntgenbild die dreidimensionale Struktur auf eine zweidimensionale Fläche projiziert wird, wodurch es zu Überlagerungen kommt (HOUNSFIELD 1973; MAYRHOFER u. HENNINGER 1995). Trotz guter Kontrastverhältnisse kann somit bedingt durch diese Artefakte die Auswertung erschwert sein (PARENTE et al. 2011). Hier zeigen sich die Grenzen dieser zweidimensionalen Darstellungstechnik, bei der durch Anfertigung verschiedener Projektionen versucht, wird diesen Nachteil auszugleichen.

Flüssigkeitsspiegel in den NNH-Kompartimenten sind ein sicheres Zeichen einer Erkrankung und können entzündungsbedingt oder hämorrhagisch im Rahmen eines Traumas oder progressiven Siebbeinhämatoms sein (GIBBS u. HART 1992). In einer Studie aus dem Jahr 2000, in der an Sinusitis erkrankte Pferde untersucht wurden, konnten in 47 von 55 Fällen (85 %) Flüssigkeitsspiegel röntgenologisch nachgewiesen werden (FEIGE et al. 2000). Im Gegensatz dazu konnten im Rahmen einer aktuellen Studie, in der 200 an Sinusitis erkrankte Pferde untersucht wurden, nur in 48 % der Fälle Flüssigkeitsspiegel röntgenologisch dargestellt werden (DIXON et al. 2012).

2.2.3 Szintigraphie

Die Grundlage der Szintigraphie ist die intravenöse Verabreichung eines Gamma-Strahlen emittierenden Radioisotops, welches sich vor allem im entzündlichen Gewebe anlagert. Die Gamma-Strahlen werden mit Hilfe einer Kamera detektiert (BARAKZAI 2007). Die Aufnahme verschiedener Ansichten hilft bei der Auswertung der sich überlagernden Strukturen (PARENTE et al. 2011). Bei der Szintigraphie des Pferdekopfes sind altersabhängige Variationen der vermehrten Radionuklidaufnahme (increased radionuclide uptake, IRU), die durch die fortgesetzte Eruption der Backenzähne bedingt sind, zu berücksichtigen (BARAKZAI 2007). Laut BARAKZAI et al. (2006) ist die Szintigraphie hilfreich zur Differenzierung einer dentinogen bedingten Sinusitis gegenüber Sinusitiden anderer Genese. Um falsch-positive Diagnosen einer periapikalen Infektion zu verhindern, ist eine sichere Lokalisierung des pathologischen Prozess, auch unter Einbeziehung klinischer und weiterer diagnostischer Befunde, notwendig (BARAKZAI et al. 2006).

2.2.4 Computertomographie

Die Computertomographie (CT) hat durch die Erstellung von hochauflösenden, detaillierten Schnittbildern deutliche Vorteile gegenüber dem Röntgen (KRAFT u. GAVIN 2001). Die Schnittbilder lösen das Problem der Überlagerung, wodurch eine präzise Lokalisierung einer Veränderung möglich ist (PARENTE et al. 2011).

2.2.4.1 Grundlagen

Die CT ist ein digitales Verfahren der Bildgebung (HOUNSFIELD 1973; KALENDER 2006). Der Computertomograph besteht aus einer Gantry, die die Röntgenröhre und das Detektorsystem enthält, einer Patientenliege sowie einer Bedienungseinheit mit Betrachtungsmonitoren (SCHWARZ u. SAUNDERS 2011). Die Röntgenröhre rotiert um den Patienten und steht dabei mit einem Detektorsystem, welches als mitrotierender Detektorbogen (Geräte der 3. Generation) oder als feststehender Detektorring (Geräte der 4. Generation) ausgebildet ist, in Verbindung (KALENDER 2006). Ein weiteres Unterscheidungskriterium der Geräte ergibt sich aus der Anzahl der Detektorzeilen (SCHWARZ u. SAUNDERS 2011).

Es entstehen Schnittbilder der Transversalebene, die auch als x/y-Ebene bezeichnet wird. Die z-Ebene orientiert sich senkrecht zu dieser Scan- und Bildebene und verläuft somit parallel zur Rotationsachse des Aufnahmesystems (KALENDER 2006). Das zu untersuchende Objekt besteht aus einer Vielzahl an Volumenelementen (Voxel), wobei jedes Voxel einen berechenbaren Anteil an Absorption empfängt (HOUNSFIELD 1973; KALENDER 2006). Die durch den zu untersuchenden Körper abgeschwächten Röntgenstrahlen werden vom Detektorsystem erfasst und als elektrische Impulse dem Computer zugeleitet (MAYRHOFER u. HENNINGER 1995). Die Messgröße in der CT ist der lineare Schwächungskoeffizient μ (x, y, z, E, t), der die Variablen Ort (x, y, z), Energie (E) und Zeit (t) beinhaltet. Um ein Bild in akzeptabler Qualität zu erzielen, muss eine möglichst hohe Zahl an Schwächungswertintegralen bzw. Projektionen erfasst werden. Bei modernen Geräten wird über einen Winkelbereich von 360° in Fächerstrahlgeometrie gemessen. Mit Hilfe komplizierter mathematischer Verfahren, die die sog. Faltung und Rückprojektion beinhalten und mit der die Bildcharakteristik beeinflusst werden kann, erfolgt die Erstellung des Schnittbilds (KALENDER 2006). Die Schwächungswerte werden räumlich zugeordnet und in Form von Bildpunkten (Pixel) auf einem Monitor dargestellt (MAYRHOFER u. HENNINGER 1995). Aus der Anzahl der Bildpunkte ergibt sich die Bildmatrix. Bei heutigen Computertomographen wird zumeist eine Matrix von 512 x 512 Bildpunkten eingesetzt (KALENDER 2006). Entsprechend der Gewebedichte ergeben sich unterschiedliche Grauwerte am Bildschirm (MAYRHOFER u. HENNINGER 1995). Da die physikalische Messgröße μ nicht sehr anschaulich ist und entscheidend von der verwendeten Energie abhängt, wodurch ein direkter Vergleich von Bildern unterschiedlicher Scanner nicht oder nur eingeschränkt möglich wäre, wird der errechnete Schwächungskoeffizient nicht absolut sondern im Verhältnis zur Schwächung von Wasser angegeben (KALENDER 2006). Die Einheit für die Angabe von Schwächungswerten sind die Hounsfield-Units (HU). In Übereinstimmung mit HOUNSFIELD (1973) wird Wasser der Wert 0 HU zugeteilt (HOUNSFIELD 1973; KALENDER 2006). Die untere Begrenzung stellt Luft mit -1000 HU dar. Beide Werte sind Fixpunkte in der nach oben offenen Skala (KALENDER 2006). Einen Überblick der Hounsfield-Skala gibt Abbildung 1. Die zahlenmäßige, geräteunabhängige Erfassung des Grauwertes an jedem Punkt des Schnittbildes erlaubt eine Zuordnung zu einzelnen Organen und Gewebetypen (MAYRHOFER u. HENNINGER 1995).

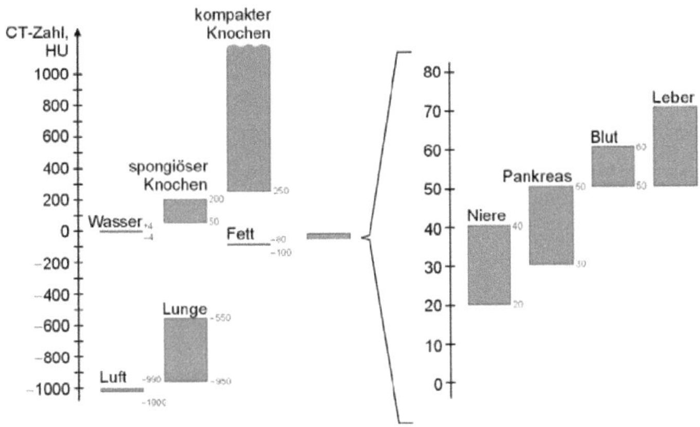

Abbildung 1: Die Hounsfield-Skala (KALENDER 2006)

Der gesamte medizinische CT-Wertebereich umfasst mehrere tausend Graustufen, die sich weder am Monitor noch auf einem Ausdruck differenzieren lassen. Der Betrachter kann typischerweise maximal 60 - 80 Graustufen unterscheiden (KALENDER 2006). Je nach interessierendem CT-Werteintervall muss die Lage eines Fensters (Window Level, WL) passend zur Fragestellung gewählt werden. Über die Wahl der Fensterweite (Window Width, WW) wird der Kontrast gesteuert (HOUNSFIELD 1973; KALENDER 2006). Innerhalb des Fensters wird die gesamte Grauskala genutzt. Werte oberhalb des Fensters werden weiß und unterhalb des Fensters schwarz dargestellt (KALENDER 2006).

Zu Beginn der Untersuchung wird eine Übersichtsaufnahme durchgeführt, bevor dann der interessierende Bereich in Einzelschicht- oder Spiral-CT-Aufnahmen untersucht wird. Röntgenröhre und Detektorsystem werden in fester Position gehalten und der Patient wird langsam bei kontinuierlicher oder gepulster Strahlung durch das Messfeld geschoben, wodurch eine Übersichtsaufnahme entsteht (KALENDER 2006).

Bei der eigentlichen CT-Untersuchung wird zwischen zwei verschiedenen Scan-Modi unterschieden: dem axialen (sequentiellen) und dem helikalen Modus. Der axiale Modus zeichnet sich durch die Aufnahme einzelner Schichten aus. Der Patient wird im Anschluss an die Aufnahme der einzelnen Schicht um eine definierte Länge, die zumeist der Schichtdicke entspricht, vorgeschoben und der nächste Scan wird durchgeführt (KALENDER 2006). Diese Form der Erstellung eines vollständigen Datensatzes durch Nutzung von Informationen aus allen Winkelpositionen der

Röntgenröhre führt zu einer optimalen Bildauflösung (SCHWARZ u. SAUNDERS 2011). Nachteile dieses Scanmodus sind ein vergleichsweise höherer Zeitaufwand, der in der Humanmedizin unweigerlich mit der Gefahr von Bewegungsartefakten verbunden ist, sowie eine schlechtere Bildqualität für automatisch erstellte 3D-Rekonstruktionen, da keine überlappenden Bildinformationen zur Verfügung stehen. Diese Nachteile führten zur Entwicklung des helikalen Scanmodus. Bei diesem Spiral-CT genannten, Volumenaufnahmeverfahren wird der Patient kontinuierlich durch die Gantry bewegt und währenddessen durch fortlaufende Abtastung des rotierenden Röhre-Detektor-Systems gescannt (KALENDER 2006). Daten, die durch den helikalen Modus gewonnen werden und somit zunächst hinsichtlich eines Schnittbildes einen „unvollständigen", spiraligen Datensatz repräsentieren, werden durch mathematische Verfahren und Interpolationen vervollständigt (SCHWARZ u. SAUNDERS 2011). Laut SCHWARZ u. SAUNDERS (2011) besitzen helikale CT-Schnittbilder eine geringere Ortsauflösung im Vergleich zu axial erstellten Schnittbildern, so dass ein axialer Scan durchgeführt werden sollte, wenn ein Maximum an Details gefordert ist. Hierbei ist aber auch der Einfluss der Anzahl an Detektorzeilen zu beachten. Durch die Überlappung der gescannten Regionen mit einem Mehrzeilen-Detektorsystem kann die Bildqualität des helikalen Scans im Vergleich mit der des axialen gleichwertig oder sogar besser sein. Diese Vorteile des Spiral-CTs ergeben sich bei Geräten mit mehr als 16 Zeilen (SCHWARZ u. SAUNDERS 2011).

Die CT-Untersuchung des Pferdes ist limitiert durch den Bedarf eines speziell konstruierten Patiententisches, durch die (meist) erforderliche Allgemeinanästhesie und die notwendige Größe der Gantryöffnung (KRAFT u. GAVIN 2001; PHILIPP 2007). Laut PHILIPP (2007) ist für die Erstellung diagnostischer Bilder die präzise axiale Positionierung des Pferdes entscheidend. Die Schnittbildebene soll perpendikular zur Patientenachse und zum harten Gaumen ausgerichtet sein (PHILIPP 2007).

2.2.4.2 Multiplanare Rekonstruktion (MPR)

CT-Bilder repräsentieren im Allgemeinen die direkte Aufnahme transversaler Schnittbilder (KALENDER 2006; SCHWARZ u. SAUNDERS 2011). Die beliebige Wahl einer Schnittebene aus den originalen Transversalbildern wird als multiplanare Reformatierung (KALENDER 2006) oder multiplanare Rekonstruktion (SCHWARZ u. SAUNDERS 2011) bezeichnet. Diese „Synthese" aus den Originalbildern ist problemlos möglich, da in den Daten immer Voxel, Volumenelemente, hinterlegt sind, die bei der Spiral-CT sogar eine annähernd isotrope Auflösung aufweisen (KALENDER 2006). Laut SCHWARZ u. SAUNDERS (2011) treten bei MPRs aus axialen CT-Daten unter Umständen sog. Treppenstufenartefakte auf, die durch überlappende, isotrope CT-Datensätze vermieden werden können. Ganz allgemein gilt: Je dünner die Schichtdicke, desto besser die Qualität der MPR (SCHWARZ u. SAUNDERS 2011).

2.2.4.3 Dreidimensionale Darstellungen

Ziel der 3D-Darstellung ist es, das abgebildete Volumen in nur einem Bild möglichst realistisch zu präsentieren und die diagnostisch interessierenden Details gezielt herauszuarbeiten (KALENDER 2006).

Ein Verfahren ist die schwellenwertbasierte Oberflächendarstellung (surface rendering; shaded surface displays, SSD), bei der, nach Vorgabe eines Schwellenwerts, entlang des Suchstrahls der Punkt abgebildet wird, bei dem aus der Perspektive des Betrachters dieser Wert das erste Mal erreicht oder überschritten wird. Kommt es zur Überlagerung von Strukturen, so wird derjenige Punkt abgebildet, der perspektivisch am weitesten im Bildvordergrund liegt (KALENDER 2006).

Bei der Projektionsdarstellung, Maximum Intensity Projections (MIP), wird entlang des Suchstrahls derjenige Punkt abgebildet, der den höchsten CT-Wert aufweist (KALENDER 2006; SCHWARZ u. SAUNDERS 2011). Dieses Verfahren findet Anwendung zur Darstellung von Gefäßen nach Kontrastmittelgabe (SCHWARZ u. SAUNDERS 2011).

Ein realistischerer Eindruck der 3D-Darstellung ist mittels der Volumenvisualisierung, Volume Rendering (VR), möglich (SCHWARZ u. SAUNDERS 2011). Im Gegensatz zu den beiden vorher genannten Verfahren tragen hierbei alle Voxel entlang des Suchstrahls mit geeigneter Gewichtung zum Ergebnisbild bei (KALENDER 2006). Jedem CT-Wert sind frei wählbar Opazität und Farbe zuzuordnen (KALENDER 2006; SCHWARZ u. SAUNDERS 2011). Durch die Wahl unterschiedlicher Transparenzen ist die gleichzeitige Betrachtung verschiedener, übereinander liegender Gewebe möglich (KALENDER 2006).

Eine Sonderform des VR stellt die virtuelle Endoskopie (VE) dar, bei der endoskopische Ansichten virtuell erstellt werden. Durch Erstellung der perspektivischen Ansicht in der Nahumgebung eines virtuellen „Endoskopkopfes" werden virtuelle „Flüge" durch Hohlorgane möglich (KALENDER 2006).

Es bleibt zu beachten, dass alle bis hierhin angesprochenen 3D-Darstellungen einen guten, einfachen Überblick des zu untersuchenden Objekts bieten, aber viele Details durch künstlich erzeugte Effekte hinzugefügt oder aber willkürlich weggelassen werden (KALENDER 2006).

2.2.4.3.1 Segmentierung

Die Segmentierung eines CT-Datensatzes ist die Trennung der relevanten anatomischen Strukturen von weniger wichtigen Bildbereichen und voneinander (JENDRYSIAK 1997). Bei diesem Verfahren steht nicht nur die reine Materialzugehörigkeit, die durch den CT-Wert für jeden Voxel definiert ist, im Vordergrund, sondern weitergehend auch die anatomische Zugehörigkeit, die bei den bisher vorgestellten Visualisierungen keine Berücksichtigung findet. Dieses anatomische Wissen muss entweder im Segmentierungsprogramm hinterlegt sein oder vom Benutzer bereitgestellt werden (JENDRYSIAK 1997).

Es ist zwischen manuellen (APELT et al. 2004; TINGELHOFF et al. 2007; TINGELHOFF et al. 2008; PHILLIPS et al. 2009; PIRNER et al. 2009) und (semi-) automatischen Segmentierungsverfahren zu unterscheiden (SALAH et al. 2005; SHI et al. 2006; MORAL et al. 2007; TINGELHOFF et al. 2007; PHILLIPS et al. 2009). Bei der manuellen Segmentierung werden die Objektkonturen in die zweidimensionalen Schichtbilder eingezeichnet und anschließend zu einer dreidimensionalen Objektoberfläche zusammengefügt (JENDRYSIAK 1997). Dieses Verfahren ist sehr zeitaufwendig (JENDRYSIAK 1997; TINGELHOFF et al. 2007; TINGELHOFF et al. 2008; PIRNER et al. 2009). TINGELHOFF et al. (2008) untersuchten die inter- und intraindividuelle Variabilität der manuellen Segmentierung der NNH des Menschen. Diese Studie zeigt, dass die intraindividuelle Variabilität geringer ist als die interindividuelle. PIRNER et al. (2009) belegten mit ihrer Studie, in der 50 CT-Datensätze der NNH manuell segmentiert wurden, die hohe Genauigkeit der manuellen Segmentierung. Schließlich zeigten TINGELHOFF et al. (2007) mit ihrem Vergleich der manuellen mit der semi-automatischen Segmentierung, durch Ermittlung ähnlicher Werte hinsichtlich Volumen, Ausdehnung und 3D-Modell, dass beide Verfahren hinsichtlich ihrer Genauigkeit für die klinische Anwendung geeignet sind.

Grundlage für automatische Segmentierungen sind Schwellenwertverfahren, texturbasierte Verfahren, das Keimzellenwachstum und die Wasserscheidentransformation sowie eine Kombination dieser Verfahren. Erste

Erkenntnisse über die Zugehörigkeit eines Voxels zu einer anatomischen Struktur liefert der CT-Wert. Durch geeignete Wahl von Grenzen ist eine grobe Zuordnung möglich. Hierauf basiert das Schwellenwertverfahren. Bei texturbasierten Verfahren erfolgt die Untersuchung von Bereichen anhand der Einheitlichkeit oder Varianz der Grauwerte innerhalb dieser Bereiche. Das Keimzellenwachstum beruht darauf, dass innerhalb der interessierenden Struktur ein Voxel angewählt wird, die Keimzelle. Ausgehend von dieser Keimzelle werden die benachbarten Voxel hinsichtlich ihres Grauwertes auf Objektzugehörigkeit untersucht (JENDRYSIAK 1997). Die Gefahr dieses Verfahrens besteht darin, dass sehr dünne Strukturen fälschlicherweise auseinandergerissen werden können (JENDRYSIAK 1997), bzw. durch lückenhafte Objektkonturen Bereiche zusammengefasst werden, die nicht zusammen gehören (WEGNER et al. 1997). Um letzteres zu verhindern, wird die Wasserscheidentransformation mit ihrem sog. Flutungsalgorithmus genutzt. Flächen, die unvollständig voneinander getrennt sind, werden durch virtuelle „Dämme“ vollständig voneinander getrennt und als abgeschlossene Teilgebiete segmentiert (WEGNER et al. 1997).

2.2.4.4 Computertomographie der NNH

2.2.4.4.1 Humane NNH

In der Humanmedizin ist die CT bei diagnostischen Problemen zur Darstellung der Nase und NNH das Verfahren der ersten Wahl (REITH 2005). Die CT-Untersuchung gilt als schnell und zuverlässig sowie sehr gut geeignet, um entzündliche und traumatische Veränderungen exakt darzustellen (COHNEN 2010). Als präoperatives Diagnostikum gilt die Durchführung der CT zur Planung von funktionell-endoskopischen Operationen als obligat (SLACK u. BATES 1998; GREESS et al. 2002). Vor Durchführung der Endoskopie ist die CT die beste Technik zur Einschätzung der Existenz und Ausdehnung sinunasaler Erkrankungen, aufgrund der hervorragenden Weichteil- und Knochendetaildarstellung (LAINE u. SMOKER 1992). Indikationen für eine CT sind in der Humanmedizin die Diagnostik akut und chronisch entzündlicher Prozesse, die Bestimmung der Tumorausdehnung und –infiltration, Frakturen sowie die Operationsplanung (MACK 2007). Diese Indikationen sind auch in den EUROPEAN GUIDELINES ON QUALITY CRITERIA FOR COMPUTED TOMOGRAPHY festgehalten. Dieser europäische Leitfaden definiert Qualitätskriterien dieser bildgebenden Modalität sowie optimale Geräteeinstellungen

für die Erstellung und Auswertung der Schnittbilder. Zur Darstellung der Strukturen wird die Wahl eines Knochenfensters (WW 1500 - 3000 HU; WL 200 - 400 HU) sowie die Darstellung im Weichteilfenster (WW 140 - 1000 HU; WL 30 - 100 HU) empfohlen (EUROPEAN COMMISSION 1999).
3D-Rekonstruktionen der humanen NNH mittels Segmentierung werden mit dem Ziel der volumetrischen Vermessung (KAWARAI et al. 1999; SHI et al. 2006; TINGELHOFF et al. 2007; PIRNER et al. 2009; PARK et al. 2010), zur Betrachtung der Morphologie anatomischer Verhältnisse (KIM et al. 2003), dem Erkennen von Pathologien (SALAH et al. 2005), zur Operationsplanung (APELT et al. 2004; MORAL et al. 2007) und zur Anwendung roboterassistierter Chirurgie (TINGELHOFF et al. 2008; PIRNER et al. 2009) durchgeführt.

2.2.4.4.2 Equine NNH

Die erste Veröffentlichung über die Anwendung der CT beim Pferd stammt aus der Washington State University im Jahr 1987. Mit einer Schichtdicke von 10 mm erfolgten Untersuchungen des Kopfes, Karpus und der distalen Zehe (BARBEE et al. 1987). Bis heute folgten zahlreiche Studien des Pferdekopfes und der equinen NNH sowohl zur Beschreibung physiologisch-anatomischer Verhältnisse (MORROW et al. 2000; SMALLWOOD et al. 2002; SOLANO u. BRAWER 2004; PROBST et al. 2005; DE ZANI et al. 2010) wie auch pathologischer Veränderungen (RAGLE et al. 1988; TIETJE et al. 1996; HENNINGER et al. 2003; SOLANO u. BRAWER 2004; VERAA et al. 2009).
Morrow et al. (2000) führen ihre Studie an Kopfpräparaten zur Dokumentation der Kopfanatomie in transversalen Schnittbildern durch. Die CT-Schnittbilder werden mit einer Schichtdicke von 5 mm und einer 512er Matrix erstellt. Anschließend erfolgt das Erstellen korrespondierender makroskopischer Schnittpräparate. Die einzelnen NNH wie auch die Kommunikationswege der NNH untereinander und zwischen der Nasenhöhle und den NNH konnten nachvollzogen werden. Die A. n. wird als eine Verbindung angesprochen, die zwischen dem mittleren Nasengang und dem kaudalen wie auch dem rostralen maxillären Sinus ausgebildet ist. Flüssigkeitsansammlungen werden als postmortal entstandene Veränderungen beurteilt.
Die Studie von PROBST et al. (2005) wird an CT-Datensätzen von Pferden durchgeführt, die aufgrund von Erkrankungen außerhalb der Nasenhöhle und NNH erstellt wurden. Wie in der zuvor beschriebenen Studie beträgt die Schichtdicke 5

mm und die Matrix 512 x 512. Die Vermessung der Kommunikationswege erfolgt mit einem WL von 400 HU und einer WW von 4000 HU. Im Gegensatz zu MORROW et al. (2000) erfolgt in dieser Studie die Beschreibung der A. n. als eine Verbindung zwischen der Nasenhöhle und dem kaudalen Kompartiment des S. maxillaris caudalis.

SMALLWOOD et al. (2002) vergleicht und beschriftet CT-Schnittbildserien von Fohlenköpfen mit den korrespondierenden anatomischen Schnittpräparaten. Die Schichtdicke der CT-Schnittbilder beträgt auch hier 5 mm. Es erfolgt keine Beschreibung der sinunasalen Kommunikationswege.

Auch in den beiden verbleibenden anatomischen Publikationen bleibt der Zugang in die NNH unerwähnt (SOLANO u. BRAWER 2004; DE ZANI et al. 2010).

Bei den beschriebenen pathologischen Veränderungen, die computertomographisch untersucht wurden, handelt es sich um Sinusitiden (TIETJE et al. 1996; HENNINGER et al. 2003), tumorartige Zubildungen (TIETJE et al. 1996; VERAA et al. 2009), Zahnwurzelentzündungen (TIETJE et al. 1996; BIENERT 2002; HENNINGER et al. 2003) und traumatische Läsionen (RAGLE et al. 1988). HENNINGER et al. (2003) weisen darauf hin, das bei Pferden mit dentinogener Sinusitis, die eine deutliche Schleimhautschwellung und schwerwiegende Wurzelinfektionen aufwiesen, regelmäßig ein Verschluss der A. n. feststellbar ist.

Segmentierungen der NNH sind in der Literatur für folgende Tierarten beschrieben: Maus, Ratte, Meerschweinchen (PHILLIPS et al. 2009), Katze (NÖLLER 2006), Pferd (HENNINGER et al. 2003; NÖLLER et al. 2007). Die entstehenden Modelle werden zur volumetrischen Vermessung (NÖLLER et al. 2007; PHILLIPS et al. 2009), zur Veranschaulichung der anatomischen Lagebeziehungen (NÖLLER 2006; PHILLIPS et al. 2009) sowie zum besseren Verständnis der Ausdehnung von Pathologien (HENNINGER et al. 2003) genutzt.

Bei den vorgestellten Studien zur Segmentierung der equinen NNH handelt es sich um einzelne Fallbeispiele. Es erfolgte bisher keine differenzierte Betrachtung des Volumens einzelner NNH-Kompartimente, kein bilateraler Seitenvergleich, keine Berücksichtigung altersabhängiger Entwicklungen und keine detaillierte Untersuchung des sinunasalen Zugangs. Auch die Lagebeziehung der Backenzähne zu den NNH bleibt unberücksichtigt.

2.2.5 Magnetresonanztomographie

Die Magnetresonanztomographie (MRT) ist ein schnittbildgebendes Verfahren, bei dem unter dem Einfluss eines Magnetfeldes Grauwerte in Abhängigkeit der Gewebeprotonen bestimmt werden. Die Protonen werden durch ein Magnetfeld ausgerichtet und die Relaxation in den Ausgangszustand wird durch ein Detektorsystem empfangen und mit Hilfe eines Computers in Grauwerte umgerechnet. Die Geweberelaxation wird mathematisch durch zwei Parameter definiert: T1 (longitudinale Relaxation) und T2 (transversale Relaxation) (KRAFT u. GAVIN 2001). T1-gewichtete Bilder zeichnen sich durch eine gute Wiedergabe anatomischer Details aus, wohingegen T2-gewichtete Bilder Flüssigkeitsansammlungen gut anzeigen und daher sehr sensitiv für pathologische Veränderungen sind (KRAFT u. GAVIN 2001; TUCKER u. SANDE 2001). Im Gegensatz zur CT sind die Grauwerte in der MRT nicht vereinheitlicht und u. a. von gerätespezifischen Parametern abhängig (KRAFT u. GAVIN 2001). Ein wesentlicher Vorteil der MRT ist die Wahl einer beliebigen Schnittebene nach Erstellung der Rohdaten, ohne dass es zu Qualitätsverlusten kommt (KRAFT u. GAVIN 2001; GREESS et al. 2002; PARENTE et al. 2011).

In der Humanmedizin ist die Diagnostik von Tumoren eine klare Indikation zum Einsatz der MRT im NNH-Bereich (COHNEN 2010). Diese bildgebende Modalität erlaubt im Vergleich zur CT eine wesentlich sichere Abgrenzung zwischen entzündlichen Veränderungen und tumorösem Gewebe (REITH 2005). Aufgrund des überlegenen Weichteilkontrasts wird die MRT genutzt, um Tumoren zu beurteilen und die Ausdehnung von Entzündungen im angrenzenden Weichteilgewebe zu erfassen (FATTERPEKAR et al. 2008). Auch JENDRYSIAK (1997) betont den hohen Weichteilkontrast, gibt aber zu bedenken, dass Knochen ebenso wenig wie luftgefüllte Hohlräume angezeigt werden, wodurch NNH vom Knochen kaum zu unterscheiden sind. Bedingt dadurch, dass sowohl Knochen wie auch pneumatisierte NNH signalarm zur Darstellung kommen, spielt die Diagnostik von Sinusitiden mit dem MRT keine Rolle (GREESS et al. 2002). Da sich CT und MRT in ihrem Informationsgehalt ergänzen, erarbeitet JENDRYSIAK (1997) Möglichkeiten zur Fusion der Bilder beider Modalitäten.

In der Pferdemedizin ist die MRT-Schnittbildanatomie des Pferdekopfes beschrieben (ARENCIBIA et al. 2000). In ihrer Studie vergleichen ARENCIBIA et al. (2000) MRT-Transversalschnitte, die mit einer Schichtdicke von 1 cm erstellt wurden, mit den entsprechenden makroskopischen Schnittpräparaten der Köpfe und beschriften beide Bildserien. Der Zugang in die equinen NNH bleibt unerwähnt.

2.3 Relevanz der sinunasalen Kommunikationswege

2.3.1 Bedeutung der sinunasalen Verbindung bei Mensch und Pferd

Zur Klärung der klinischen Relevanz hinsichtlich der Ausprägung der Kommunikationswege zwischen der Nasenhöhle und den NNH des Menschen, wurden in der Humanmedizin zahlreiche Studien durchgeführt.

MESSERKLINGER (1966) konstatiert, dass zur Gesunderhaltung der NNH eine Drainage dieser gewährleistet sein muss und im Erkrankungsfall diese wiederherzustellen ist. Der Sekrettransport aus der NNH ist von fünf Faktoren abhängig: 1. den Ausführungsgängen, 2. der Sekretion, 3. den Sekreteigenschaften, 4. der Zilienaktion, 5. der Resorption (MESSERKLINGER 1966). In seinen Untersuchungen weist MESSERKLINGER (1966) einen gerichteten Flüssigkeitstransport in Richtung der natürlich vorkommenden Öffnungen nach.

In der Humanmedizin sind verschiedenste Variationen der knöchernen Begrenzung der NNH und der Kommunikationswege beschrieben (MESSERKLINGER 1967; STAMMBERGER 1986a; BOLGER et al. 1991; YOUSEM et al. 1991; MARU u. GUPTA 2001; KANTARCI et al. 2004).

Laut WAGENMANN u. NACLERIO (1992) führen Obstruktionen der Zugänge in die NNH zu einer reduzierten Clearance und spielen somit die Hauptrolle in der Pathophysiologie der Sinusitis. Variationen der knöchernen Grundlage oder Entzündungen im Bereich der sinunasalen Kommunikationswege können zu einer Obstruktion der Zugänge und entsprechend zu einer Entzündung der angeschlossenen NNH führen (WAGENMANN u. NACLERIO 1992). Die im Normalfall spaltförmig ausgebildeten Zugänge in die NNH bilden die Schlüsselfunktion für den Erhalt physiologischer Verhältnisse, bzw. die Etablierung pathologischer Veränderungen (STAMMBERGER u. POSAWETZ 1990). Die Autoren weisen darauf hin, dass viele dieser beschriebenen anatomischen Variationen die Zugänge verengen und sich somit in den angeschlossenen NNH wiederkehrende Infektionen etablieren. Unter physiologischen Verhältnissen sind die engen Zugänge in die NNH sehr resistent gegenüber Infektionen, denn die Zilien stehen in spaltförmigen Bereichen an zwei Seiten, an anderen Stellen sogar zirkulär mit dem zu transportierenden Schleim in Kontakt (STAMMBERGER 1986a). Wenn jedoch die gegenüberliegende Schleimhaut fest aufeinandergedrückt wird, so kommt es zu einer

Schleimretention in den NNH, welche laut STAMMBERGER (1986a) einen idealen Nährboden für virales und bakterielles Wachstum darstellt.
Nach Erstellung von equinen NNH-Ausgusspräparaten betont COOK (1966a) die Bedeutung der Durchgängigkeit der Zugänge in die NNH für den Erhalt physiologischer Verhältnisse. Ursachen, die zu einer Schwellung im Bereich der dorsalen und ventralen Muschel führen, bedingen gleichzeitig auch eine Einengung des mittleren Nasengangs sowie ein Verschluss des Zugangs in die NNH (COOK 1966b). Beginnende Infektionen können sich laut COOK (1966b) in dieser geschlossenen Höhle etablieren und es kommt zur Ansammlung von mukopurulenten Flüssigkeiten, die erst dann als Nasenausfluss sichtbar werden, wenn der Druck innerhalb der Höhle den Widerstand des verschlossenen Zugangs überwindet oder die Nasenmuscheln durchbricht. An anderer Stelle wird beschrieben, dass bis zu einem vollständigen Verschluss endoskopisch abfließendes Exsudat aus den Zugängen der NNH im mittleren Nasengang beobachtet werden kann (CARON 1999). Laut DIXON u. O'LEARY (2012) kann im Falle einer primären Sinusitis eine Entzündung der Schleimhaut mit Anschwellung und nachfolgendem Verschluss der Drainage-Wege stattfinden, wodurch sich in den NNH Flüssigkeiten ansammeln. Die Pathogenese der primären Sinusitis beruht auf der Stagnation der Entfernung von Mukus aus den NNH, bedingt durch Störungen des dynamischen Clearance-Prozesses, der normalerweise aus einer Kombination von Zilientransport und Evaporation besteht (LANE 1993a). Es wird darauf hingewiesen, dass im Rahmen der Erkrankung zunächst die mukoziliäre Clearance gestört ist und ein passiver Ausfluss von Flüssigkeiten durch die zu diesem Zeitpunkt noch nicht verschlossenen Öffnungen stattfindet. Erst im Falle eines chronischen Krankheitsprozesses kommt es zu einer Schleimhauthyperplasie, die zu einem Verschluss der Zugänge führt (LANE 1993a).
In histopathologischen Untersuchungen konnten TREMAINE et al. (1999) bei Proben von 37 an Sinusitis erkrankten Pferden (27 Pferde mit primärer Sinusitis, 10 Pferde mit dentinogener Sinusitis) Schleimhautschwellungen bis zu 15 mm Dicke feststellen. Diese Autoren sehen die Anschwellung der Mukosa, die zu einem Verschluss der Zugänge in die NNH führen kann, in Kombination mit einer verringerten mukoziliären Clearance, die zu einer verringerten lokalen Abwehr und zu Flüssigkeitsansammlungen führt, als prädisponierend für eine bakterielle Infektion (TREMAINE et al. 1999).

Flüssigkeitsansammlungen in den NNH entstehen, wenn diese zu dickflüssig sind um abfließen zu können, oder die Zugänge durch Entzündung, Trauma sowie expandierende Massen verlegt sind (LAVERTY u. PASCOE 1997). Sinus-Zysten entstehen oftmals im Bereich des Zugangs in die NNH und dehnen sich dann entweder in den mittleren Nasengang oder in das Lumen der NNH aus (RUSH u. MAIR 2004). Die physiologische Drainage ist nicht mehr gewährleistet und klinisch ist mukoider Nasenausfluss feststellbar (WOODFORD u. LANE 2006). Pathologische Untersuchungen legen eine ähnliche Pathogenese von Zysten und Siebbeinhämatomen nahe. Blutungen in die Submukosa im Bereich des natürlichen Zugangs in die NNH können einen Verschluss dieser Öffnung verursachen und führen zur Weiterentwicklung dieser expansilen Umfangsvermehrung unter externem Druck (LANE et al. 1987).

Letztlich ist auch das kongenitale Fehlen des natürlichen Zugangs in die NNH beschrieben, welches mit Ansammlungen von Flüssigkeiten in den NNH unter Entstehung einer Mukozele einhergeht (COOK 1966b).

2.3.2 Therapeutische Ansätze zur Wiederherstellung der NNH-Drainage

In der Humanmedizin ist die Durchführung der funktionell endoskopischen Chirurgie (Functional endoscopic sinus surgery, FESS) eine minimal-invasive Methode zur Wiederherstellung der Belüftung und Drainage der NNH über ihre natürlichen Öffnungen bei chronisch rezidivierender Sinusitis, die nicht erfolgreich auf eine Antibiotikatherapie anspricht (STAMMBERGER 1986a, b; STAMMBERGER u. POSAWETZ 1990; SLACK u. BATES 1998; KENNEDY 2006). Durch Wiederherstellung der Belüftung über die natürlichen Zugänge besteht kein Bedarf der Fenestrierung der NNH zum Nasengang an anderer Stelle (STAMMBERGER u. POSAWETZ 1990). Dies ist auch der Erkenntnis geschuldet, dass der Zilienschlag der NNH-Schleimhaut immer gerichtet auf den natürlichen Zugang bzw. Ausgang erfolgt, wie in einer Studie an Kaninchen nachgewiesen werden konnte (ÖNERCI u. ARAS 1995). Die Erweiterung dieser zu- und abführenden Gänge ohne langfristige negative Effekte auf die mukoziliäre Clearance hat durch Studien an Kaninchen und Menschen zu einer großen Akzeptanz dieses Therapieansatzes geführt (KENNEDY 2006). Die Durchführung der Ballondilatation als therapeutischer Ansatz zur Wiederherstellung der Belüftung erwies sich in Studien mit an Sinusitis erkrankten

Menschen als in der Durchführung sichere, komplikationsarme Methode mit gutem Langzeiterfolg (BOLGER et al. 2007; STANKIEWICZ et al. 2009). Weitergehende therapeutische Ansätze sind in Zukunft der Einsatz biologisch verträglicher, medikamentenbeschichteter Stents, die einerseits die Zugänge offen halten und gleichzeitig kontinuierlich lokal Wirkstoffe abgeben (KENNEDY 2006).

In der Tiermedizin sind verschiedene invasive wie auch minimal-invasive therapeutische Ansätze zur Wiederherstellung der Belüftung und Drainage der equinen NNH beschrieben (HARPS et al. 1996; OHNESORGE 2003). Nach dem Erkennen der primären Ursache für die NNH Erkrankung gilt es eine Drainage über die natürlichen Zugänge oder mit Hilfe artifizieller Zugänge durch sinunasale Fistulation zu erstellen (LANE 1993b). Laut CARON (1999) unterliegt die Behandlung einer Sinusitis denselben Prinzipien wie die Infektion eines geschlossenen Raums, bestehend aus adäquater Drainage und antibiotischer Therapie. Im Falle eines chronischen Krankheitsgeschehens besteht der Bedarf einer sinunasalen Fistulation zur Sicherung der Drainage (CARON 1999). COOK (1966b) beschreibt im Falle des Fehlens einer Zugangsöffnung in die NNH die Erstellung einer Kommunikationsöffnung in den mittleren Nasengang durch Entfernung von Anteilen der Spirallamelle der dorsalen und ventralen Nasenmuschel. Es wird darauf hingewiesen, dass diese artifizielle Öffnung idealerweise an der Position erstellt wird, wo im Normalfall der natürliche Zugang in die NNH befindlich wäre, da dorthin der gerichtete Zilienschlag erfolgt (COOK 1966b).

NICKELS (2011) beschreibt verschiedene Lokalisationen für die Erstellung einer sinunasalen Fistel, ohne Berücksichtigung der Position des natürlichen Zugangs (vergleiche Abbildung 2).

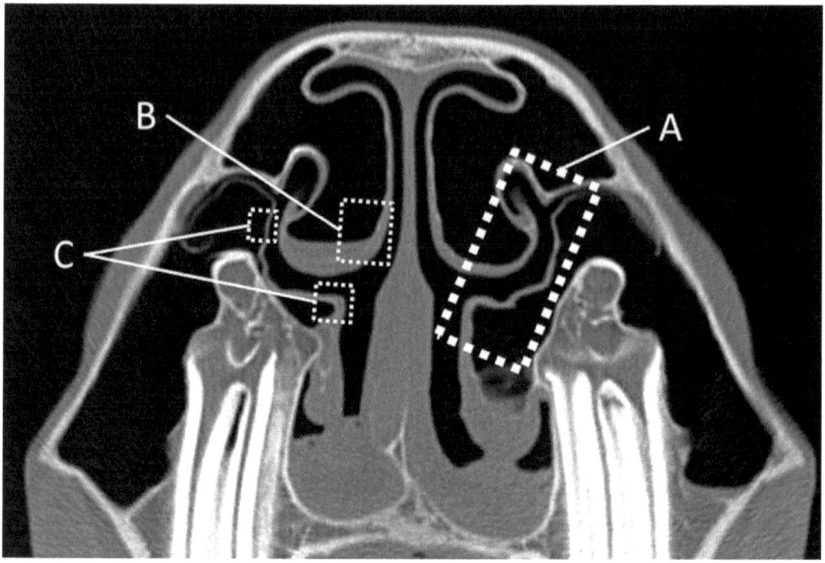

Abbildung 2: Mögliche Lokalisationen zur Fenestrierung der Spirallamellen; A: großflächige Fenesterireung des S. conchae dorsalis und S. conchae ventralis; B: Fenesterierung des S. conchae dorsalis; C: Fenestrierungen des S. conchae ventralis

TREMAINE u. DIXON (2001b) stellen die sinunasale Fistulation in ihrer Untersuchung hinsichtlich des therapeutischen Langzeiterfolgs in Frage. Bei allen Pferden, bei denen die NNH im Rahmen der chirurgischen Therapie eröffnet wurden, wurde eine im Durchmesser ca. 3-5 cm große Fistel in der Spirallamelle des S. conchae ventralis angelegt. Das Auftreten von Rezidiven durch Verschluss der Öffnungen wird von den Autoren als begrenzender Wert der chirurgischen Therapie und Drainage gewertet. Die Autoren geben zu bedenken, dass die sinunasale Fistulation nicht zu einer Wiederherstellung der funktionellen Anatomie und NNH-Drainage führt, bedingt durch den gerichteten Schleimtransport in Richtung der natürlichen Öffnungen (TREMAINE u. DIXON 2001b).

In einer aktuellen Veröffentlichung empfehlen DIXON u. O'LEARY (2012) nicht grundsätzlich die Erstellung einer sinunasalen Fistel im Rahmen der chirurgischen Intervention beim Vorliegen einer Sinusitis, sondern ausschließlich dann, wenn die Drainage der NNH beeinträchtigt ist. Die Autoren weisen darauf hin, dass die intraoperative Lavage nach Trepanation der NNH für gewöhnlich einen exzellenten Abfluss über die Nasenhöhle in nahezu allen Fällen von Sinusitis verschiedenster

Ätiologien ermöglicht. Zur Lavage der NNH wird physiologische Kochsalzlösung oder stark verdünnte Povidon-Iod-Lösung (0,01%) empfohlen. Höher konzentrierte Lösungen führen möglicherweise zu einer Irritation und Schwellung der entzündlich veränderten Schleimhaut und somit zu einer weiteren Reduktion der Drainage (DIXON u. O'LEARY 2012).

BELL et al. (2009) beschreiben die Ballondilatation des natürlichen Zugangs in die equinen NNH als minimal-invasiven Therapieansatz zur Behandlung der primären Sinusitis. Der erste Teil der oben genannten Studie zur Überprüfung der Flussrate über die erweiterte, natürliche Zugangsöffnung wurde an Köpfen von euthanasierten Pferden durchgeführt. Für den S. maxillaris caudalis konnte eine signifikante Erhöhung der Flussrate festgestellt werden, wohingegen eine Dilatation des Zugangs in den S. maxillaris rostralis aufgrund der anatomischen Verhältnisse nicht erfolgreich durchgeführt werden konnte. Der zweite Teil dieser Studie wurde an stehenden, tief sedierten Pferden durchgeführt, die nicht im Bereich der Nasen- und Nasennebenhöhlen erkrankt waren. Im Anschluss an die Ballondilatation war eine endoskopische Untersuchung des S. maxillaris caudalis über den erweiterten Zugang bei allen Pferden möglich (BELL et al. 2009). Die Autoren geben zu bedenken, dass der Nutzen eines solchen minimal-invasiven Therapieansatzes an weiteren Studien mit klinisch erkrankten Pferden zu verifizieren ist.

3 Material und Methode

3.1 Untersuchungsmaterial und Patienten

Die computertomographischen Untersuchungen wurden an 35 Köpfen von Pferden unterschiedlichen Alters, Rasse und Geschlechts durchgeführt, die aufgrund einer Erkrankung exklusive des Nasenhöhlen- und Nasennebenhöhlenbereichs in der Klinik für Pferde, Stiftung Tierärztliche Hochschule Hannover euthanasiert wurden. An 26 der 35 Kopfpräparate erfolgte eine makroskopische Präparation der interessierenden Strukturen. Sieben Kopfpräparate standen im Rahmen des Vorversuchs zur Etablierung der CT-Einstellungen und Bildoptimierung zur Verfügung. Zur Beschreibung postmortaler und lagerungsbedingter Artefakte liegen intra vitam und post mortem CT-Datensätze eines Pferdes vor (siehe Tabelle 1 und Tabelle 2 im Anhang). Achtzehn bzw. neunzehn Köpfe adulter Pferde entsprachen den jeweiligen Einschlusskriterien der Studie und wurden computertomographisch untersucht, kraniometrisch vermessen, dreidimensional rekonstruiert und makroskopisch präpariert (siehe Abschnitt 4 und 5)

3.2 Methodik

Bei den Untersuchungen der Kopfpräparate erfolgte zunächst immer die CT. Im Anschluss daran erfolgte die Bearbeitung und Auswertung der erstellten Datensätze, die kraniometrische Vermessung der Köpfe an Hand der Schnittbilder, die dreidimensionale Rekonstruktion durch Segmentierung und VR sowie letztlich die makroskopische Präparation.

3.2.1 Vorversuche

3.2.1.1 CT-Untersuchung

Die CT-Untersuchung erfolgte in der Klinik für Pferde, Stiftung Tierärztliche Hochschule Hannover. Zur Akquirierung der Daten stand ein Brilliance™ CT - Big Bore Oncology Scanner (Philips Medical Systems, Best, Niederlande) zur Verfügung. Es handelt sich um einen Scanner der dritten Generation mit 16 Detektorzeilen. Er zeichnet sich durch seine im Durchmesser 85 cm große Gantryöffnung aus (Abbildung 3). Die Nachbearbeitung der Schnittbilder erfolgte an dem am Scanner angeschlossenen Computer-Arbeitsplatz mit der Software Brilliance™ CT, Version 2.3.5.17167 (Philips Medical Systems, Best, Niederlande).

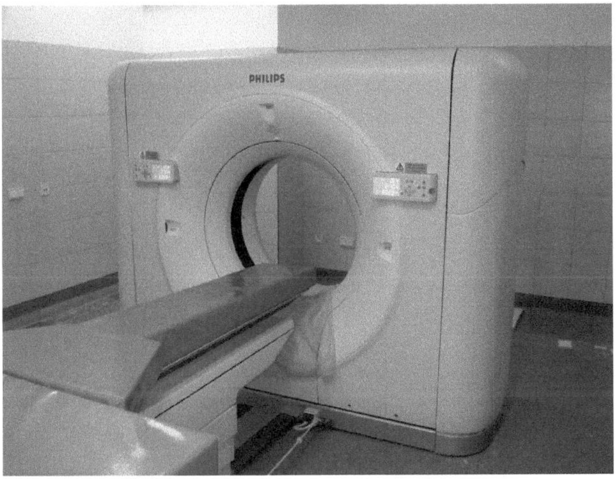

Abbildung 3: Brilliance™ CT - Big Bore Oncology (Philips Medical Systems, Best, Niederlande)

Zur Ermittlung der optimalen Einstellung zur Akquirierung der Schnittbilder wurden verschiedene voreingestellte Protokolle getestet. Ein wesentlicher Unterschied dieser Protokolle liegt in der Nutzung des helikalen bzw. axialen Scanmodus, in der Wahl der Matrix, des Rekonstruktionsalgorithmus sowie der Fensterlage (WL) und Fensterweite (WW). Eine detaillierte Übersicht der verschiedenen Parameter gibt Tabelle 3 im Anhang wieder.

Um durch das harte Zahnmaterial erzeugte fächerförmige Strahlungsartefakte zu reduzieren, wurden zur Bildoptimierung Versuche durchgeführt, bei denen ausschließlich der Oberkiefer gescannt wurde. Bei diesen Präparaten wurde vor Durchführung der CT-Untersuchung der Unterkiefer im Kiefergelenk exartikuliert und sowohl die Kaumuskulatur als auch das Zungenbein durchtrennt.

Zur Vereinheitlichung der Datensätze und zur besseren Auswertung erfolgte nach Erstellung der transversalen Rohdaten eine MPR mit der oben genannten Software. Es wurden pro Pferd verschiedene Schnittbildserien erstellt. Einerseits eine transversale Serie, mit Ausrichtung des Strahlengangs perpendikular zum harten Gaumen und andererseits eine coronale Schnittbildserie, die parallel zum harten Gaumen ausgerichtet wurde. Der Export dieser Schnittbildserien erfolgte sowohl für die Original-Daten wie auch für die rekonstruierten Knochenfensterdaten.

Es zeigte sich, dass die optimale Darstellung der NNH und des Zugangs in die NNH im axialen Scanmodus mit einer 1024er Rekonstruktionsmatrix (WL 300, WW 2800) im transversalen Schnittbild erfolgt (siehe Abbildung 4).

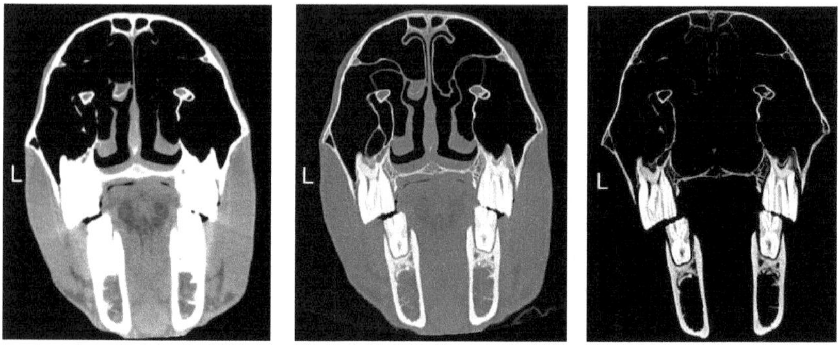

A B C

Abbildung 4: Transversales Schnittbild auf Höhe des M2 mit unterschiedlichen Bildparametern; (A) WL 50, WW 500; (B) WL 300, WW 2800; (C) WL 1500, WW 1000; L = links

Bei Lagerung des im Atlantooccipitalgelenk abgesetzten Kopfpräparates, auf dem Unterkiefer im Zentralstrahl stehend und mit Klebestreifen am Nasenrücken fixiert, lässt sich eine optimale Bildqualität erzielen (Abbildung 5). In der Gantry integrierte Lasermarkierungen helfen bei der symmetrischen Ausrichtung des Kopfes. Etwaige durch die harte Zahnsubstanz erzeugte Strahlungsartefakte sind vernachlässigbar gering und lassen sich durch das alleinige Scannen des Oberkiefers (bei abgesetzten Unterkiefer) nicht wesentlich reduzieren.

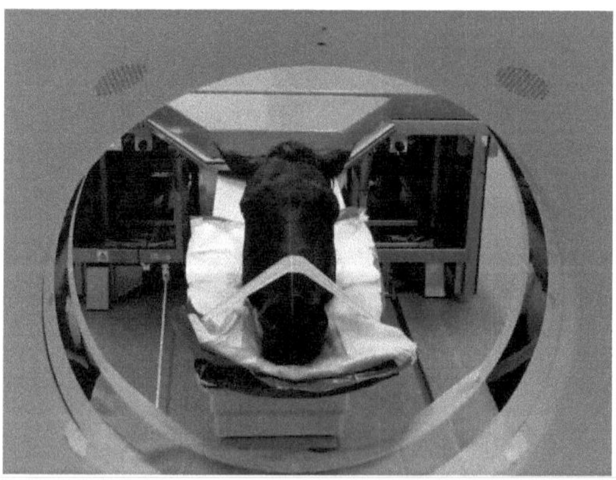

Abbildung 5: Lagerung des im Atlantooccipitalgelenk abgesetzten Kopfpräparates eines adulten Pferdes; rote Linien: Lasermarkierung zur Ausrichtung des Kopfes

3.2.1.2 Vergleichende Darstellung intra vitam und post mortem

Zur Betrachtung eines möglichen Unterschieds in der Ausprägung des natürlichen Zugangs der equinen NNH, bedingt durch postmortale Artefakte und unterschiedliche Lagerung der Schädel, wurde ein Pferd zunächst intra vitam und 6,5 h später post mortem computertomographisch untersucht. Die CT-Untersuchung intra vitam erfolgte in Allgemeinanästhesie und in linker Seitenlage. Post mortem wurde der im Atlantooccipitalgelenk abgesetzte Kopf auf dem Unterkiefer stehend gescannt.

Die erstellten transversalen Knochenfenster-Rekonstruktionen (ohne MPR) wurden zunächst separat im Betrachtungsprogramm MxLiteView Version 1.25 (Philips Medical Systems, Best, Niederlande) betrachtet. Anschließend wurden beide Datensätze mit dem Programm Amira 5.3.3® (Visage Imaging, Berlin, Deutschland) bearbeitet und verglichen. Dieses Visualisierungsprogramm bietet die Möglichkeit, zwei Datensätze miteinander zu fusionieren, ohne die Daten zu transformieren. Für die Einstellung der Funktion „Affine Registration“ siehe Abbildung 6. Um beide Datensätze voneinander unterscheiden zu können, wird eine Schnittbildserie angefärbt. Im vorliegenden Fall ist der intra vitam erstellte Datensatz gräulich und der post mortem Datensatz rötlich angefärbt.

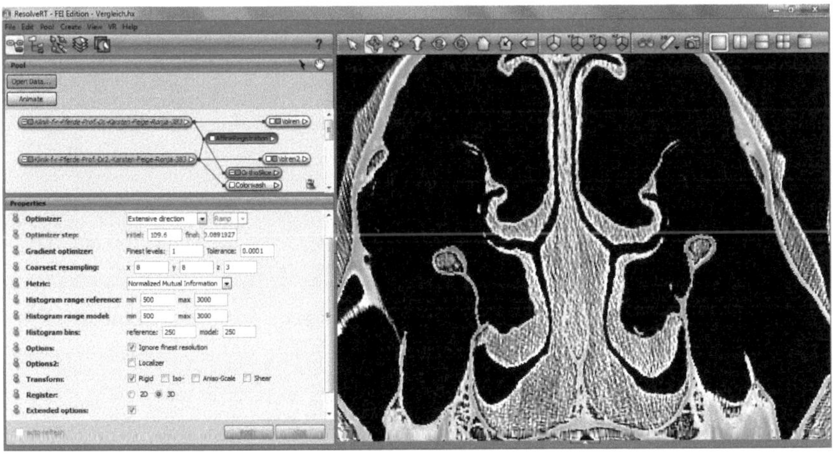

Abbildung 6: Funktion „AffineRegistration“ in Amira 5.3.3® (Visage Imaging, Berlin, Deutschland); links: Parameter zur Darstellung der Schnittbildserien; rechts: die fusionierten Datensätze, grau: intra vitam, rötlich: post mortem

Durch das Fusionieren des intra vitam (gräulich) und post mortem (rötlich) Datensatzes des gleichen Pferdes werden Unterschiede bedingt durch die Durchblutung der Schleimhaut sowie postmortale und lagerungsbedingte Artefakte deutlich (Abbildung 7). Es ist zur Erkennen, dass die den Oberkiefer begrenzenden Knochen, der harte Gaumen, die Nasenscheidewand sowie die Zähne des Oberkiefers direkt aufeinander liegen. Auch die Canales infraorbitales sowie die diesen Kanal stützenden Knochenlamellen liegen exakt übereinander. Gleiches gilt für die feinen Lamellen, die den Zugang in die NNH begrenzen. Auch sie liegen in beiden Schnittbildserien übereinander. Betrachtet man die innere Kontur der die NNH begrenzenden Strukturen, so ist zu erkennen, dass sie auf der NNH zu gewandten Seite unmittelbar aufeinander liegen, wohingegen die der Nasenhöhle zu gewendete Seite der Spirallamellen deutliche Unterschiede erkennen lässt. Hier zeigt sich, dass die Schleimhaut intra vitam hinsichtlich ihrer Dicke deutlich stärker ausgebildet ist im Vergleich zum postmortalen Schnittbild. Gleiches lässt sich im Bereich des Septums und der ventralen Begrenzung der Nasenhöhle erkennen, wodurch das Lumen der vier Nasengänge intra vitam im Vergleich zu post mortem deutlich verkleinert ist.

Dieses Phänomen lässt sich mit einer Blutfüllung der Gefäße innerhalb der Schleimhaut, insbesondere der Venenplexus beim lebenden Tier erklären. Betrachtet man abschließend die Positionierung des Unterkiefers, so ist zu erkennen, dass hier keine erfolgreiche Fusion der CT-Daten erfolgen konnte. Dieser Unterschied zwischen dem intra vitam und post mortem Datensatz ist durch das Vorhandensein eines orotrachealen Tubus beim lebenden, in Allgemeinanästhesie befindlichen Tieres zu erklären. Post mortem ist die Mundhöhle geschlossen.

Ein zwischen beiden Datensätzen auffallender Unterschied ist das Vorkommen einer röntgendichten Struktur (HU -50 bis +50) im post mortal erstellten Datensatz im Bereich des S. maxillaris caudalis dexter unmittelbar kaudal des Septum sinuum maxillarium sowie im ventralen Bereich des S. conchae ventralis sinister auf Höhe des M3 (Abbildung 8). Beide Strukturen lassen sich über etwa fünf Schnitte nachvollziehen. Sie zeigen am auf dem Unterkiefer stehenden Kopf eine horizontal ausgebildete Linie. Diese Strukturen sind im intra vitam erstellten Datensatz nicht auffindbar. In Übereinstimmung mit MORROW et al. (2000) werden diese Veränderungen als postmortale Flüssigkeitsansammlungen betrachtet und entsprechend bei der Auswertung beurteilt.

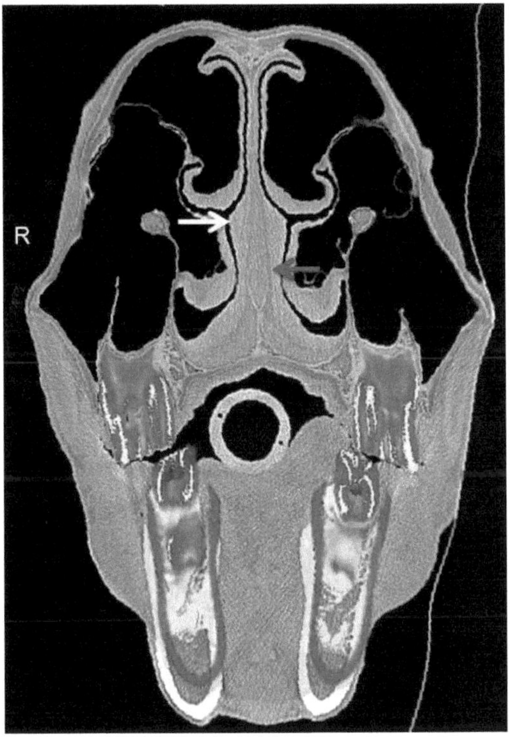

Abbildung 7: Übereinandergelegter und damit fusionierter Transversalschnitt auf Höhe des M1 des intra vitam (grau) und post mortem (rötlich) erstellten Datensatzes eines 20 Jahre alten Pferdes (V22); weißer Pfeil: Nasenseptum intra vitam, roter Pfeil: Nasenseptum post mortem; R = rechts

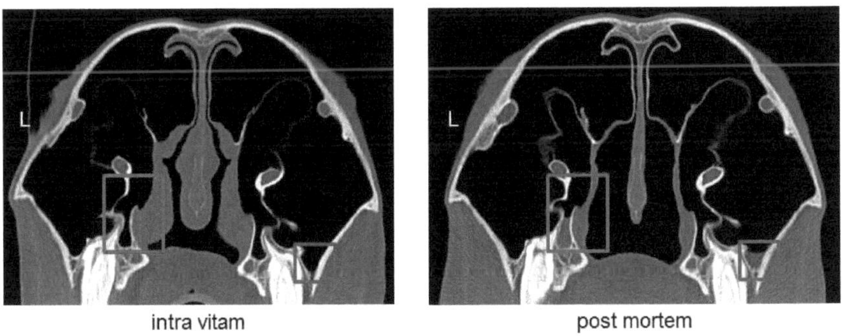

Abbildung 8: Transversales Schnittbild auf Höhe des M3 eines 20 Jahre alten Pferdes (V22); rotes Viereck (rechts): postmortale Flüssigkeitsansammlungen im SCV; blaues Viereck (rechts): postmortale Flüssigkeitsansammlungen im SMC; L = links

3.2.2 Untersuchung der NNH und der Zugänge in die NNH adulter Pferde

Vor der Durchführung der Untersuchungen erfolgte die Euthanasie der Tiere. Erkrankung, Geburtsdatum, Datum und Uhrzeit der Euthanasie sowie eine fortlaufende Versuchsnummer (V-Nr.) wurden protokolliert (siehe Tabelle 2 im Anhang).

Die Köpfe wurden im Anschluss an die Euthanasie im Atlantooccipitalgelenk abgesetzt und gelangten nachfolgend auf dem Unterkiefer stehend zur computertomographischen Untersuchung. Die abgesetzten Köpfe wurden vor Durchführung der makroskopischen Präparation bei - 20° tiefgefroren.

Die gewonnen CT-Daten wurden nachbearbeitet, im zweidimensionalen Schnittbild betrachtet und dreidimensional rekonstruiert.

Eine Übersicht über den Untersuchungsablauf gibt Abbildung 9.

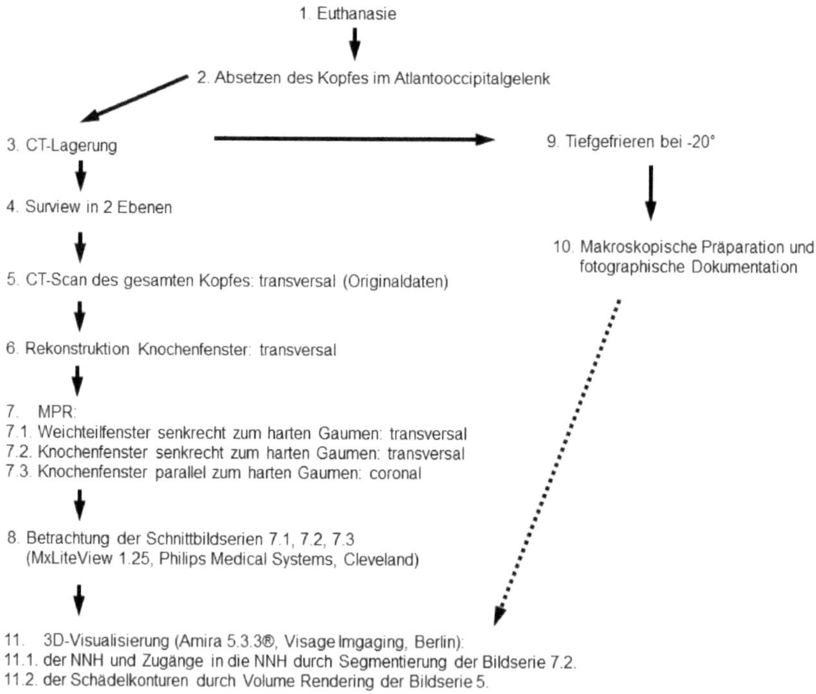

Abbildung 9: Schematische Darstellung der Bearbeitung der CT-Datensätze zur Untersuchung der NNH

3.2.2.1 CT-Untersuchung

Die abgesetzten Köpfe wurden mit den Nüstern in Richtung der Gantry auf dem Patiententisch positioniert. Mit Hilfe der in der Gantry verbauten Lasereinheit wurden die Köpfe so ausgerichtet, dass der Vorschub durch die Gantryöffnung parallel zum harten Gaumen verläuft. Zur Vermeidung von Bewegungsartefakten wurden zur stabilen Fixierung der Köpfe Klebeband oder Fixationsbänder aus Stoff verwendet.

Nach der Lagerung der Köpfe erfolgte die Einrichtung der Länge des Scanbereichs ebenfalls mit Hilfe der verbauten Lasereinheit. Im Anschluss wurden zwei Übersichtsaufnahmen (Surviews) in zwei senkrecht zueinander stehenden Ebenen erstellt, die senkrecht und parallel zur Tischachse verlaufen. Mit Hilfe dieser Übersichtsaufnahmen ist eine genaue Einstellung des interessierenden und im Folgenden zu scannenden Bereiches in latero-lateraler, dorso-ventraler und kranio-kaudaler Richtung möglich. Bei allen Pferden wurde der gesamte Schädel, also Ober- und Unterkiefer, an den Lippen beginnend bis zur kaudalen Begrenzung des Schädels (je nach Morphologie: Condylus occipitalis bzw. Christa nuchae) erfasst. Für die Wahl der Aufnahmeparameter siehe im Anhang Tabelle 3, Protokoll „Diss. Brinkschulte".

Nach Erstellung dieser Roh-Daten (Weichteilfenster; 512er Bildmatrix) erfolgte unmittelbar die Rekonstruktion eines „Knochenfensters" mit einer 1024er Bildmatrix.

Im Anschluss an die Akquirierung der Daten erfolgte die Ausrichtung der Schnittbildserien mit Hilfe der MPR im Programm Brilliance^{TM} CT, Version 2.3.5.17167 (Philips Medical Systems, Best, Niederlande). Es wurden drei Schnittbildserien an den Lippen beginnend bis zum Kaudalende des Condylus occipitalis generiert: 1. aus den Original-CT-Daten eine transversale Weichteilserie, die senkrecht zum harten Gaumen ausgerichtet ist; 2. aus der Knochenfenster-Serie eine transversale Knochenfenster-Serie, ebenfalls mit Ausrichtung der Schnittebene senkrecht zum harten Gaumen; 3. eine weitere aus der Knochenfenster-Serie, parallel zum harten Gaumen orientierte, coronale Serie. Die Ausrichtung der transversalen Serien erfolgte neben der Orientierung am harten Gaumen, auch an der knöchernen Orbita (Margo supraorbitalis) zur Einstellung der maximal möglichen Symmetrie im latero-lateralen Seitenvergleich. Für die Einstellung der Symmetrie in den coronalen Schnittbildserien diente der vom Oberkiefer gebildete Anteil des Kiefergelenks (Tuberculum articulare). Im Folgenden eine Übersicht über die verschiedenen Schnittbildserien sowie die Einstellung für Fensterlage (WL) und

Fensterweite (WW), um eine pferdeübergreifende einheitliche Betrachtung mit der Visualisierungssoftware zu ermöglichen:

Bildserie	Ausrichtung	Matrix	WL	WW
Weichteilfenster	transversal	512 x 512	50	500
Knochenfenster	transversal	1024 x 1024	300	2800
Knochenfenster	coronal	1024 x 1024	300	2800

Die erstellten Schnittbildserien wurden mit Hilfe der Software MxLiteView Version 1.25 (Philips Medical Systems, Best, Niederlande) betrachtet. Es wurde im Weichteilfenster auf das abnorme Vorkommen von weichteildichten Verschattungen und im Knochenfenster auf die Ausbildung der NNH, der Zugänge in die NNH, der Symmetrie im laterolateralen Seitenvergleich sowie Umfangsvermehrungen geachtet und diese bei Vorhandensein dokumentiert.

Mit Hilfe des Programms Brilliance™ CT, Vers. 2.3.5.17167 (Philips Medical Systems, The Netherlands) erfolgte nach Akquirierung der Daten eine kraniometrische Vermessung der Köpfe. Eine ausführliche Beschreibung der Methode erfolgt in Abschnitt 5.3.

Datum und Uhrzeit der CT-Untersuchung sowie die Lagerung wurden protokolliert. Soweit noch nicht erfolgt, wurde der Kopf im Atlantooccipitalgelenk abgesetzt (Fohlen), bei minus 20° tiefgefroren und makroskopisch präpariert.

3.2.2.2 Makroskopische Präparation

Nach der CT-Untersuchung erfolgte die präparatorische Darstellung des Septum sinuum maxillarium sowie des Zugangs in die NNH, an den bei -20°C tiefgefrorenen Köpfen. Eine ausführliche Beschreibung der durchgeführten Präparationsschritte findet in Abschnitt 5.3 statt.

3.2.2.3 Rekonstruktion der CT-Schnittbildserien

Für die 3D-Darstellung der CT-Daten wurde das Visualisierungsprogramm Amira 5.3.3® (Visage Imaging, Berlin, Deutschland) verwendet (Abbildung 10).

Als Datensatz für die Segmentierung der NNH und der Zugänge in die NNH diente das mit einer 1024er Bildmatrix rekonstruierte Knochenfenster im transversalen Schnittbild, welches durch MPR senkrecht zum harten Gaumen und bilateral symmetrisch ausgerichtet wurde (Abbildung 9, 7.2.). Zur Visualisierung des Datensatzes wurde ein Fenster von -1000 bis +500 HU gewählt.

Die Einzeichnung des Zugangs in die NNH wurde in jedem Schnittbild manuell mit Hilfe der Funktion „Brush“ durchgeführt. Zur einheitlichen manuellen Segmentierung der Zugänge in die NNH sind nachfolgende Kriterien festgelegt worden: 1. das Einzeichnen des Beginns des Kanalsystems im mittleren Nasengang erfolgt von dem Punkt aus, wo von der dorsalen Spirallamelle kommend ein hakenförmiger Fortsatz nach ventral in den mittleren Nasengang hineinragt; 2. das Ende des Zugangs in die NNH wird wie folgt festgelegt: 2.1 eine horizontale Linie zwischen der Maxilla und dem ventralen Punkt der Spirallamelle der ventralen Nasenmuschel, 2.2 die Verschmelzung der Spirallamelle der ventralen Nasenmuschel nach lateral mit der Maxilla, 2.3 eine vertikale Linie zwischen dem Septum sinuum maxillarium und dem Boden des SCD, der von der Spirallamelle der dorsalen Nasenmuschel gebildet wird, wobei der laterale Punkt entweder durch das Septum oder durch die Öffnung in der Spirallamelle (Apertura frontomaxillaris) bedingt wird.

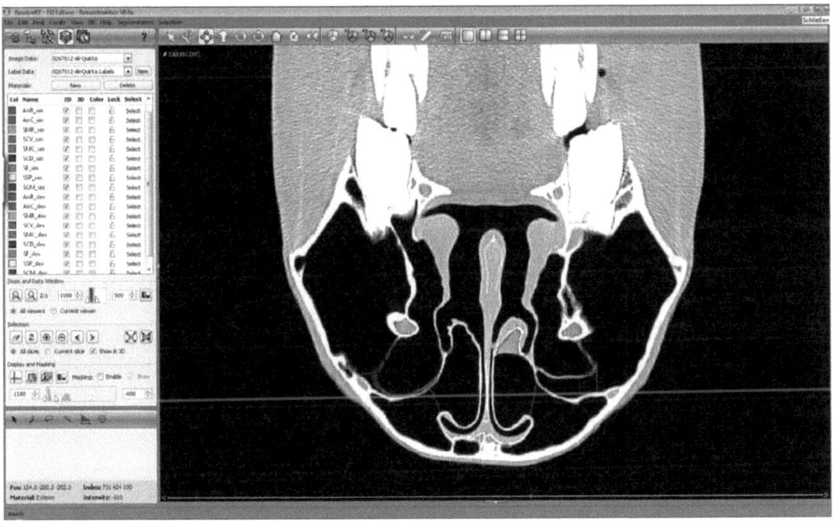

Abbildung 10: Darstellung der Programmoberfläche während der Segmentierung mit Amira 5.3.3® (Visage Imaging, Berlin, Deutschland); im linken Bildbereich sind die einzelnen Materialien sowie die Einstellung des Programms sichtbar, im rechten Bildbereich ist der jeweilige Transversalschnitt dargestellt, innerhalb dessen jede einzelne Struktur farbig einzuzeichnen ist.

Die Segmentierung der NNH erfolgte semi-automatisch durch die Nutzung des Keimzellenwachstumsverfahrens, welches in Amira 5.3.3® (Visage Imaging, Berlin) unter der Funktion „Magic Wand“ hinterlegt ist. Hierzu wurde eine Maske mit den Parametern -1100 bis -600 HU gewählt. Nach Setzen eines Startpunktes („seed point“) in jedem transversalen Schnittbild und für jedes NNH-Kompartiment, werden die entsprechenden Bereiche markiert und zugeordnet. Um Artefakte zu vermeiden und die einzelnen NNH-Kompartimente sicher voneinander zu trennen, wurden vor Durchführung der semiautomatischen Segmentierung Trennungslinien eingefügt. Zur besseren Veranschaulichung wurden den verschiedenen Kompartimenten unterschiedliche Farben zugeordnet (siehe Tabelle 4 im Anhang).

Die Erstellung der 3D-Modelle erfolgte nach Segmentierung der Daten durch das Generieren einer Oberfläche. Hierzu wurde die Funktion „SurfaceGen“ genutzt.

Für die Erstellung der Oberfläche der einzelnen NNH-Kompartimente wurde die Einstellung „unconstrained smoothing“ gewählt. Die berechneten Daten wurden nachfolgend durch die Funktion „SurfaceView“ dargestellt (Abbildung 11).

Abbildung 11: Erstellung der Oberfläche für die Darstellung der NNH-Kompartimente mit Amira 5.3.3® (Visage Imaging, Berlin, Deutschland)

Für die Darstellung des Zugangs in die NNH wurde eine zweite Oberfläche generiert. Hierzu wurde die Einstellung „none“ gewählt, um keinen Detailverlust bei der Darstellung des Zugangssystems zu erhalten (s. Abbildung 12).

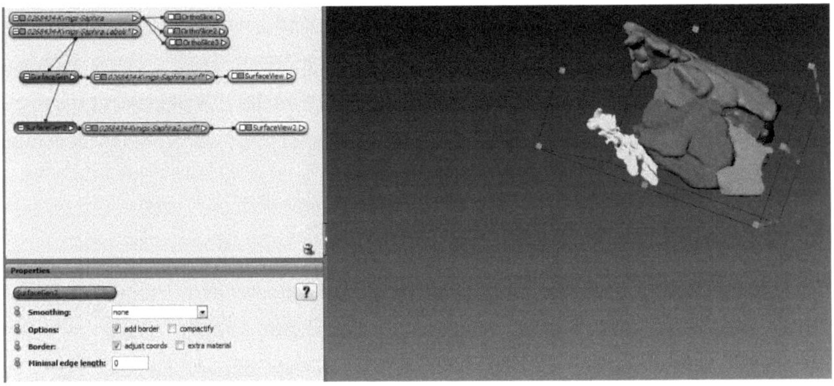

Abbildung 12: Erstellung der Oberfläche für die Darstellung des Zugangs in die NNH mit Amira 5.3.3® (Visage Imaging, Berlin, Deutschland)

Die Darstellung der knöchernen Konturen des Schädels und der Zähne erfolgte unter Anwendung eines Volume Renderings. Hierzu wurde zusätzlich der Original-Datensatz des CT-Scans (Abbildung 9, 5.) in Amira 5.3.3® (Visage Imaging, Berlin, Deutschland) geladen und mit Hilfe der Funktion „VolRen" (Colormap grey; Color 0 bis 5000; AlphaScale 0,38; Mode VRT; Shading None) visualisiert (Abbildung 13).

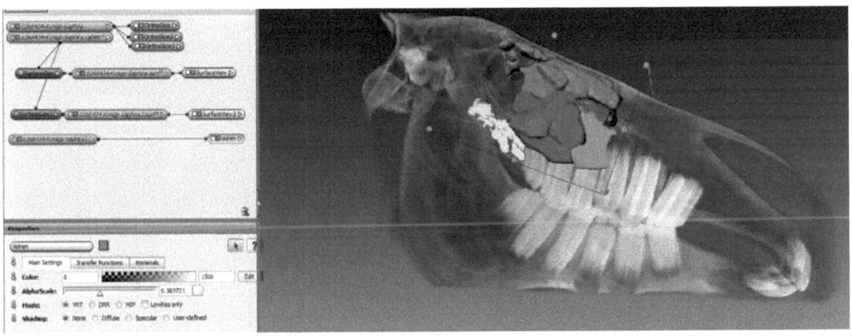

Abbildung 13: Erstellung eines Volume Renderings der Original-CT-Daten zur Darstellung der Zähne und der knöchernen Strukturen des Kopfes in Amira 5.3.3® (Visage Imaging, Berlin, Deutschland)

Das erstellte 3D-Modell lässt sich in alle Richtungen drehen. Einzelne NNH-Kompartimente können ein- oder ausgeblendet werden. Es besteht die Möglichkeit einzelne Bilder abzuspeichern sowie kurze Videosequenzen zu erstellen.

Durch die Segmentierung der CT-Schnittbildserien sind sowohl Streckenmessungen als auch volumetrische Vermessungen der NNH möglich. Hierzu stand in Amira 5.3.3® (Visage Imaging, Berlin, Deutschland) die Funktion „MaterialStatistics" zur Verfügung. Die Einheit des angegebenen Volumens ist mm^3. Zur Veranschaulichung erfolgte die Umrechnung in Milliliter (ml).

3.2.3 Statistische Auswertung

Die statistische Analyse der erhobenen Daten erfolgte mit dem Programm Excel® 2010 (Microsoft® Corporation Redmond, Washington, USA) sowie mit dem Programm Prism® Version 5.01 for Windows (GraphPad Software, La Jolla, USA).
Die Volumina der NNH-Kompartimente wurden mit Hilfe des Kolmogorov-Smirnov Tests auf Normalverteilung getestet. Bei Vorliegen einer Normalverteilung erfolgte die Überprüfung der Volumina hinsichtlich signifikanter Unterschiede im kontralateralen Seitenvergleich unter Anwendung des gepaarten t-Tests. Das Vorliegen von Werten $P < 0,05$ wurde als signifikant verschieden beurteilt. Ausführliche Beschreibungen der angewendeten statistischen Tests sind den Abschnitten 4.3.1 und 5.3.1 zu entnehmen.

4 Manuscript I

Three-dimensional reconstructions and volumetric measurements of equine paranasal sinuses by use of semi-automatic segmentation of CT-datasets

4.1 Abstract

The anatomy and volume of equine paranasal sinuses of 18 horses, aged from 2 to 25 years, were analysed by the use of three-dimensional (3-D) reconstructions of computed tomography (CT) slices. Before segmentation of the datasets, CT images were compared to corresponding frozen sections of the cadaver head. Realistic 3-D images of the paranasal sinuses were reconstructed. Separate semi-automatic segmentation of the following paranasal sinus compartments for each side of the head was performed: rostral maxillary sinus (Sinus maxillaris rostralis, SMR), ventral conchal sinus (Sinus conchae ventralis, SCV), caudal maxillary sinus (Sinus maxillaris caudalis, SMC), dorsal conchal sinus (Sinus conchae dorsalis, SCD), frontal sinus (Sinus frontalis, SF), sphenopalatine sinus (Sinus sphenopalatinus, SSP) and middle conchal sinus (Sinus conchae mediae, SCM). All reconstructed structures can be displayed separately, grouped or altogether as transparent or solid structures. The 3-D models can be continuously rotated, viewed from all spatial positions. The models show the individual morphology, interindividual differences between each horse and their intraindividual differences of left and right side. The paranasal sinuses on each side are divided in two systems by the maxillary septum (Septum sinuum maxillarium): the more rostral located system (SMR and SCV) and the more caudal located system (SMC, SCD, SF, SSP, and SCM). In contrast to traditional casting methods the observer is able to see how far these two systems overlap which is due to the oblique orientation of the maxillary septum. Total volume of the paranasal sinuses of both sides ranged from 911.50 to 1502.00 ml (mean ± SD, 1151.00 ± 186.30 ml). There were no statistically significant differences ($P < 0.05$) between the left and right sides.

4.2 Introduction

The paranasal sinuses (Sinus paranasales) are bilateral, air-filled cavities, lined with respiratory epithelium (NICKEL et al. 2004). They are positioned between the internal and external lamina of the skull (NICKEL et al. 2004), but also between the conchal lamellae (WAIBL 2004). Age-related changes and interindividual variations influence the development of the paranasal sinuses (TAYLOR 1955; WAIBL 2004).

The system of the nasal cavity and the paranasal sinuses morphologically represents one of the most complex and also surgically one of the most challenging systems of the equine body. Detailed anatomical knowledge is essential for diagnosis and treatment (WAGENMANN u. NACLERIO 1992; RUGGLES et al. 1993; WORSTER u. HACKETT 1999; LATORRE u. RODRIGUEZ 2007). By the use of non-invasive imaging modalities, such as computed tomography (CT), two-dimensional (2-D) slices can be acquired (LATORRE u. RODRIGUEZ 2007). The interpretation of these image series is extremely challenging, because it is based on the mental reconstruction of the examiner. Additionally it consequently depends on the individual ability of spatial sense imagination (JENDRYSIAK 1997). Three-dimensional (3-D) reconstruction of 2-D datasets is described to allow an excellent spatial impression of complex anatomical structures (NÖLLER et al. 2004).

In human medicine there are several studies in which paranasal sinuses are evaluated by the use of 3-D reconstruction (KAWARAI et al. 1999; SHI et al. 2006; MORAL et al. 2007; TINGELHOFF et al. 2008; PIRNER et al. 2009).

The aim of this study was to outline the normal anatomical structure and extension of the paranasal sinuses of different age groups and to determine normal volumetric values. Special attention was paid to analyse bilateral symmetries and interlocked spatial arrangements of individual sinuses.

4.3 Materials and methods

Eighteen horse heads of various breeds (12 Warmbloods, 4 Thoroughbreds, 2 others) were used to acquire CT examination. Horses (8 mares, 8 geldings and 2 stallions) ranged from 2 to 25 years of age (mean ± sd, 11.9 ± 7.9 y). The horses were euthanized for reasons unrelated to the head. None of the horses had a known history or, at time of death, clinical signs of paranasal sinus disease. The heads were harvested in the atlanto-occipital joint, cooled (5°C) and CT-datasets were acquired within 24 hours (mean ± SD, min - max, 8:49 ± 6:31 h:mm, 1:46 - 21:11 h:mm) after euthanasia. Image acquisition was performed at the University of Veterinary Medicine Hannover, Foundation with a Brilliance^{TM} CT - Big Bore Oncology Scanner (Philips Medical Systems, Best, The Netherlands). The heads were placed on the mandible. Transverse images of the whole head were acquired in an axial scan-mode using the following parameters: 140 kV, 500 mAs, 1.5 mm slice thickness. One soft tissue series (filter: brain standard, 512 image matrix) and one series for bony details (filter: detail, 1024 image matrix) was acquired. By the use of multiplanar reconstructions (MPR) different series were generated. Two transversal series (soft tissue: WL 50 HU, WW 500 HU; bony detail: WL 300, WW 2800) oriented perpendicular to the hard palate and one coronal series (bony detail: WL 300, WW 2800) oriented parallel to the hard palate were reformatted. The 2-D slices were viewed to obtain normal morphology and existence of pathological changes. Furthermore, positioning of dental roots and the most rostral point of the maxillary septum (Septum sinuum maxillarium) in relation to teeth was noticed.

Through the use of MPR craniometric measurements were performed in selected 2-D slices (Figure 1): 1. horizontal length of the head measured parallel to the hard palate from the caudal end of the nuchal crest (Crista nuchae) to the labial surface of the first incisor (AP); 2. diagonal length of the head, directly diagonal measured from the caudal end of the nuchal crest to the labial surface of the first incisor (APq); 3. width of the head measured between both zygomatic process (Proccessus zygomatici) (BreaFront); 4. width of the nasal cavity measured in a transverse slice rostral to the beginning of the facial crest (Crista facialis) (BreaMaxill); 5. height of the nasal cavity in the transverse slice rostral to the beginning of the facial crest, starting at the hard palate and ending at the nasal bone (Os nasale) (HeighVisc). Each measurement was performed three times and means were calculated.

After image acquisition the heads were frozen (-20°C) and dissected. A transversal cut was made behind the orbital cavity by the use of a bandsaw (Kolbe Typ K420, Kolbe, Elchingen, Germany). This preparation allowed visual access to interior of the SMC and to evaluate the existence and completeness of the maxillary septum.

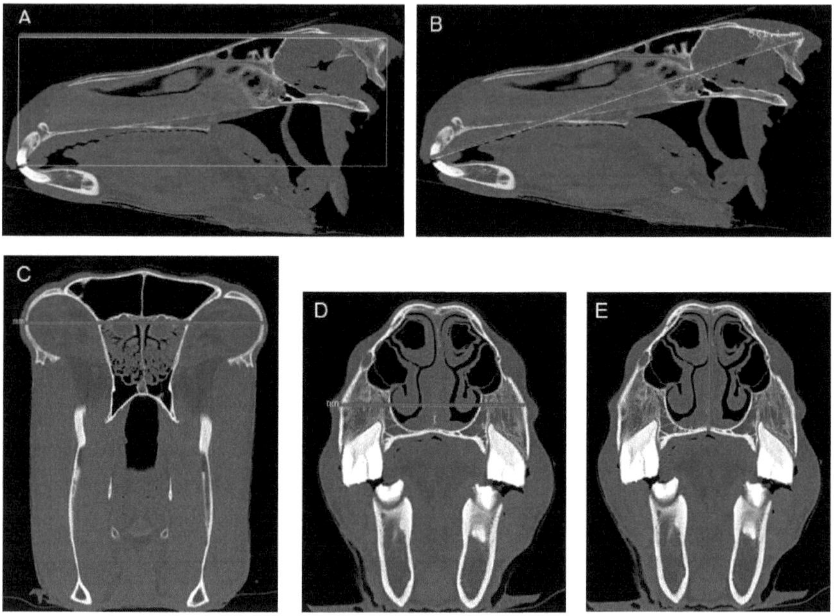

Figure 1: Presentation of parameters of the craniometric measurements; red line = distance to be measured; (A) AP, (B) APq, (C) BreaFront, (D) BreaMaxill, (E) HeighVisc

The program Amira 5.3.3® (Visage Imaging, Berlin, Germany) was used for segmentation of CT-datasets of the paranasal sinuses and volume rendering of the skull. The reconstructed transversal dataset (bony details) was used. Demarcation lines were manually drawn slice by slice to separate the paranasal sinus compartments from each other and from the nasal cavity. Semi-automatic segmentation of the sinus cavities was performed inside the tissue lining of the sinuses by using a masking from -1100 to -600 HU. A seed point for a 2-D growing region algorithm was set slice by slice in every compartment and the resulting segmented area was added to the contributing sinus. After semi-automatic segmentation a manual correction of artifacts, such as holes and fluid fillings, was performed for each slice. To calculate a surface, an unconstrained smoothing was used. The bony structures of the head and the dental material were visualized using volume rendering. The results of the segmentation of the paranasal sinuses and the volume rendering of the skull and the teeth were displayed together to enhance visualization. The volume of the 3-D reconstructed paranasal sinuses was measured by using the generated 3-D models.

4.3.1 Statistical analyses

Data was collected on a spreadsheet (Excel® 2010, Microsoft® Corporation Redmond, Washington, USA). For statistical tests separate software was used (Prism®, GraphPad Software, La Jolla, USA; SAS® 9.3, SAS Institute, Cary North Carolina, USA).

Descriptive statistics were done. A Kolmogorov-Smirnov test was assessed to determine the normality of distribution. A paired t-test was used to analyse if there were significant differences in the volume between the left and the right side of each head. The level of significance was set at $P < 0.05$. For further statistical analyses, horses were divided into three groups: group 1: ≤ 5 years; group 2: 6 - 14 years; group 3: ≥ 15 years. For the association of craniometric measurements and the sinus volume of the entire head a multiple linear regression with the stepwise selection of variables was used.

4.4 Results

In the 2-D data sets the seven expected sinus compartments could be identified for both sides: rostral maxillary sinus (Sinus maxillaris rostralis, SMR), ventral conchal sinus (Sinus conchae ventralis, SCV), caudal maxillary sinus (Sinus maxillaris caudalis, SMC), dorsal conchal sinus (Sinus conchae dorsalis, SCD), frontal sinus (Sinus frontalis, SF), sphenopalatine sinus (Sinus sphenopalatinus, SSP) and middle conchal sinus (Sinus conchae mediae, SCM). By the use of the transversal dataset for segmentation realistic 3-D images of the paranasal sinuses were reconstructed (Figure 2).

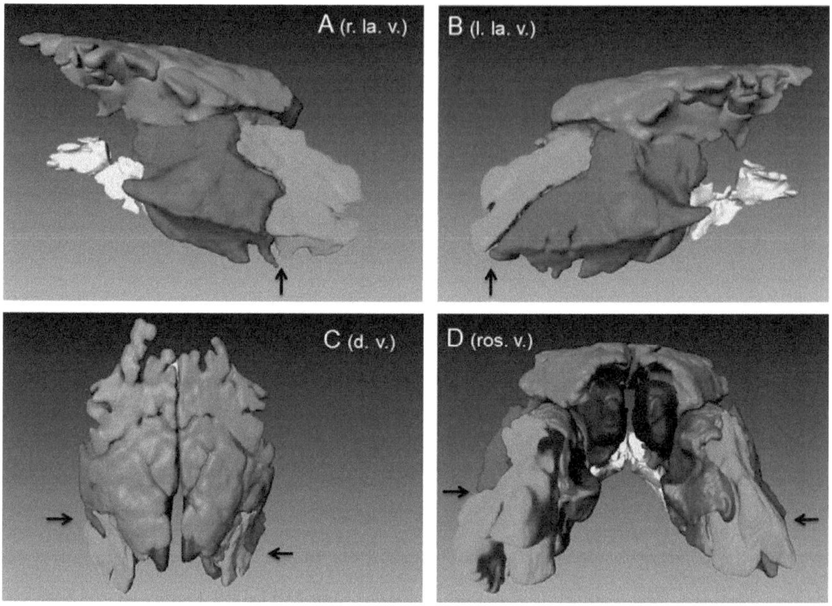

Figure 2: 3-D reconstructions of paranasal sinuses of a 25 years old horse; (A) right lateral view (r. la. v.); (B) left lateral view (l. la. v.); (C) dorsal view (d. v.); (D) rostral view (ros. v.); bright green: SMR, dark green: SCV, red: SMC, dark red: SCD, orange: SF, yellow: SSP; Please note the asymmetry of the rostral extension of the SMC (black arrows)

The models can be rotated in every direction and compartments can be displayed singly, grouped or altogether and additional with the volume rendering of the surrounding bony structures and teeth of the head (Figure 3). Time for complete segmentation of the paranasal sinuses took less than 10 hours for every dataset.

In 11 (61 %) of the 18 datasets some of the sinus compartments contained a small amount of gravity dependent fluid. The SMC was the most affected compartment (n = 8), followed by the SMR (n = 5), the SCD (n = 4) and the SF (n = 4). The SCV (n = 3), the SSP (n = 3) and the SCM (n = 2) were less commonly affected. These fluids were identified as serosanguineous fluids during macroscopic preparation.

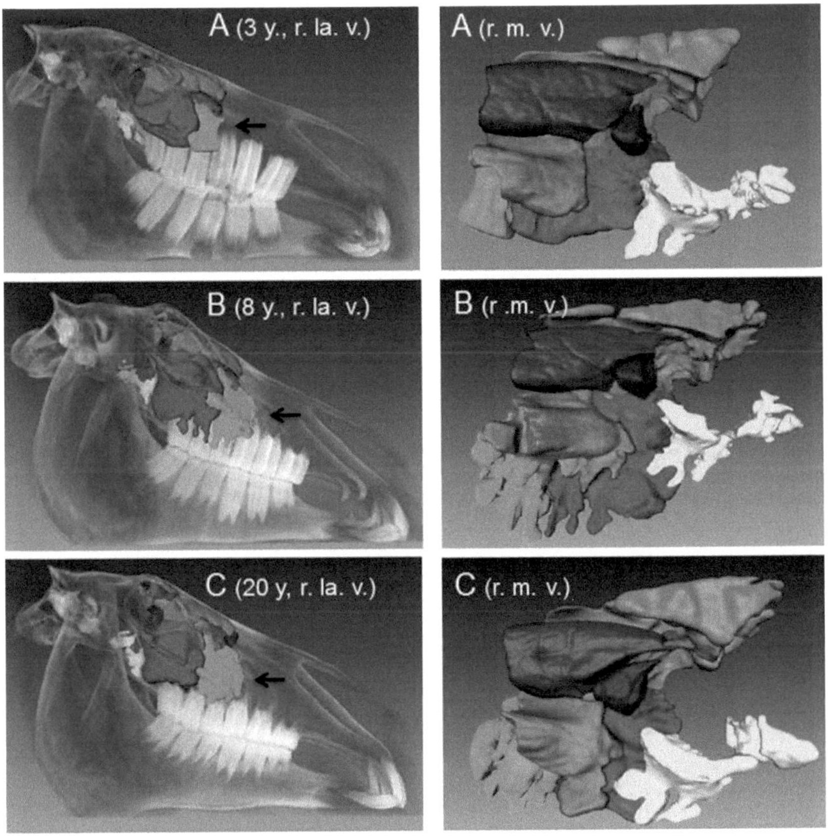

Figure 3: 3-D reconstructions of paranasal sinuses (segmentation) and bony structures of the head (volume rendering) of different aged horses: (A) 3-year old, (B) 8-year old, (C) 20-year old; right lateral view (r. la. v.) of the segmentation and volume rendering results; medial view (r. m. v.) of segmentation results of the right side; bright green: SMR, dark green: SCV, red: SMC, dark red: SCD, orange: SF, yellow: SSP, violet: SCM; Please note the individual extensions of the SMR (black arrows)

Macroscopic preparation revealed that the maxillary septum (Septum sinuum maxillarium) was complete on both sides of the eighteen heads. It divides the seven compartments of each side in two totally separated sinus systems. The rostral sinus system (rostal paranasal sinuses, rPS) consists of the SMR and SCV. The second system is more caudally located (caudal paranasal sinuses, cPS) and consists of the SMC, SCD, SF, SSP and SCM. The septum is oblique oriented and in most cases it started cranial near the tooth roots of the first or second molar (109/209: 17 of 36; 47%; 110/210: 16 of 36, 44%) and ran caudo-dorsally, where it is built by the spiral-lamellae of the SCV and bulges out into the SMC. In one case it began at the fourth premolar (108/208: 1 of 36; 2.78%) and in two cases it started at the third molar (111/211: 2 of 36, 5.56%). In relation to age the origin of the septum in older horses lies more caudally and started for horses older than 15 years in most cases at the third molar (Table 1).

Table 1: Beginning of the maxillary septum in relation to the teeth

tooth	all horses [%]	G1 [%]	G2 [%]	G3 [%]
08	2.78	10.00	0.00	0.00
09	47.22	80.00	57.14	8.33
10	44.44	10.00	42.86	75.00
11	5.56	0.00	0.00	16.67

The oblique orientation of the septum causes an overlapping of the rostral and caudal sinus system and shows inter- and intraindividual variations. Obvious intraindividual, contralateral differences in the course of the septum could be identified in the 3-D reconstruction of 7 horses. Figure 2 shows the paranasal sinuses of one of these horses. A high difference in the rostral beginning (more than one tooth width) of the SMC compared the left to the right side could be seen. A separate view of the sinus compartments of the in Figure 2 shown horse revealed a variation of normal sinus anatomy (Figure 4): On the left side the SCV bulged out laterally and dorsally into the SMC. This protrusion of the SCV was totally separated from the SMC by a bony septum. So in agreement with the other horses, the rostral and caudal sinus system was totally separated by each other. This variation was visible neither on the right side nor in other horses.

The total volume of the paranasal sinuses of both sides ranged from 911.50 to 1502.00 ml (mean ± SD, 1151.00 ± 186.30 ml). The total volume (tPS) of the left side was 576.50 ± 89.96 ml (mean ± SD) and of the right side 574.70 ± 97.77 ml (mean ± SD). Volumes of the left rostral sinus system (rPS: SMR, SCV) were 116.40 ± 40.25 ml (mean ± SD) and for the right 113.80 ± 47.85 ml (mean ± SD). The caudal sinus system (cPS: SMC, SCD, SF, SSP, SCM) consisted of 460.10 ± 59.28 ml (mean ± SD) for the left side and 460.90 ± 65.15 ml (mean ± SD) for the right side. Total volume (tPS) and volume of the rostral (rPS) and caudal (cPS) sinus system for the left and the right side were not significantly different (tPS $P = .76$; rPS $P = .48$; cPS $P = .90$).

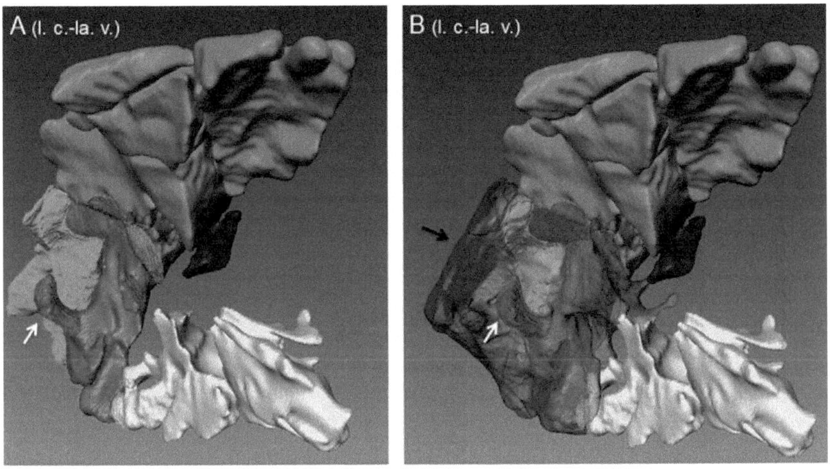

Figure 4: 3-D reconstructions of the left sided paranasal sinuses of a 25 years old horse caudo-lateral view (A); bright green: SMR, dark green: SCV, dark red: SCD, orange: SF, yellow: SSP, violet: SCM; (B) picture (A) with additional visualization of the SMC in transparent (black arrow); Please note, that the SCV bulges out lateral and dorsal into the SMC (white arrows).

Table 2 shows the volume of each sinus compartment for the left and the right side analysed for all horses (n = 18). The largest compartment for both sides is the SMC, followed by the SF. The compartment with the smallest volume is the SCM.

For grouped analyses of sinus compartments and age, see Table 3. For group 1 (age ≤ 5 years) the total volume of the sinus compartments of both sides (tPS) was 953.10 ml (median; range: 911.50 - 1034.00 ml). For group 2 (age between 6 - 14 years) the total volume (tPS) was 1164.00 ml (median; range 1101.00 - 1411.99 ml). The horses older than 15 years (group 3) the volume (tPS) was 1282.00 ml (median; range: 915.20 - 1502.00 ml). Figure 5 and Figure 6 show the age grouped analyzes for each sinus compartment of each side.

Table 2: Volume [ml] of the left and the right side of each sinus compartment for the 18 horses; Med. = median, Min. = minimum, Max. = maximum

	n = 18	SMR sin	SCV sin	SMC sin	SCD sin	SF sin	SSP sin	SCM sin
left side	Mean	65.32	51.04	200.80	41.10	186.30	28.23	3.72
	SD	31.06	17.79	37.94	11.40	29.14	6.26	1.69
	Med.	65.74	45.51	199.30	41.29	186.80	28.67	3.88
	Min.	12.56	23.34	128.20	15.06	145.10	18.54	1.06
	Max.	140.80	84.03	258.50	63.16	229.30	40.12	8.22
		SMR dex	SCV dex	SMC dex	SCD dex	SF dex	SSP dex	SCM dex
right side	Mean	60.30	53.47	199.90	42.41	185.70	28.95	3.95
	SD	33.45	21.06	38.30	9.68	27.58	9.11	1.55
	Med.	59.50	45.03	200.20	42.55	188.70	28.77	4.39
	Min.	11.18	30.52	143.10	18.79	134.40	9.37	1.34
	Max.	115.10	90.22	269.70	64.35	230.30	43.06	6.29

Table 3: Grouped analyses of the sinus volume [ml]; rPS sin, dex = rostral paranasal sinuses of the left, right side; cPS sin, dex = caudal paranasal sinuses of the left, right side; tPS sin, dex = paranasal sinuses of the left, right side; tPS = paranasal sinuses of the entire head; Med. = median, Min. = minimum, Max. = maximum

		rPS sin	rPS dex	cPS sin	cPS dex	tPS sin	tPS dex	tPS
G1 (age ≤ 5 y., n = 5)	Mean	69.48	59.65	417.50	425.20	486.90	484.90	971.80
	SD	7.95	5.02	36.62	27.92	34.33	26.20	58.04
	Med.	68.72	60.31	417.10	409.40	485.80	469.70	953.10
	Min.	63.11	52.71	378.20	403.20	441.80	461.10	911.50
	Max.	82.81	64.45	456.50	465.40	525.60	518.10	1034.00
G2 (age 6 - 14 y., n = 7)	Mean	124.00	126.80	481.50	480.20	605.50	607.00	1213.00
	SD	26.30	45.12	38.49	42.72	55.93	66.27	118.10
	Med.	128.60	132.40	474.90	474.20	590.20	587.20	1164.00
	Min.	92.54	82.68	423.70	447.50	543.80	531.80	1101.00
	Max.	165.00	202.80	539.50	571.50	684.70	726.50	1411.00
G3 (age ≥ 15y., n = 6)	Mean	146.50	143.70	470.70	468.20	617.20	611.90	1229.00
	SD	35.45	32.86	80.65	98.79	107.80	124.40	232.10
	Med.	143.50	141.20	498.00	492.40	643.80	638.20	1282.00
	Min.	112.10	111.60	355.50	336.00	467.60	447.60	915.20
	Max.	212.20	199.60	555.70	564.40	737.70	764.00	1502.00

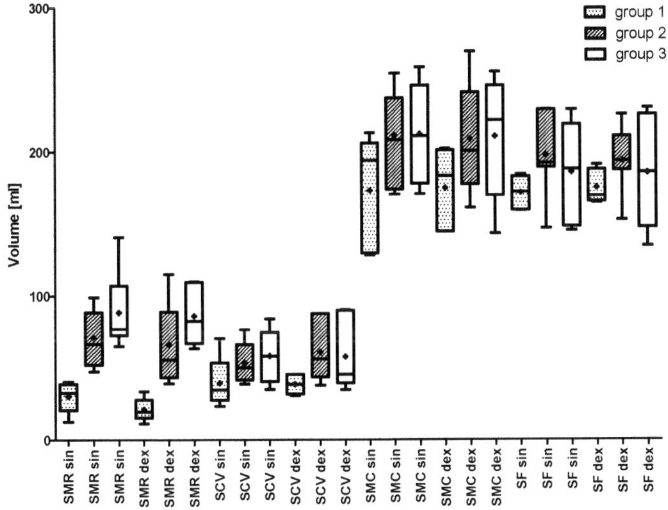

Figure 5: Grouped analyses of the volume [ml] of the Sinus maxillaris rostralis (SMR), Sinus conchae ventralis (SCV), Sinus maxillaris caudalis (SMC), Sinus frontalis (SF) of the left (sin) and right (dex) side; group 1: age ≤ 5 years (n = 5); group 2: age 6 - 14 years (n = 7); group 3: age ≥ 15 years (n = 6); mean +; median, 25%, 75% Percentile, minimum, maximum

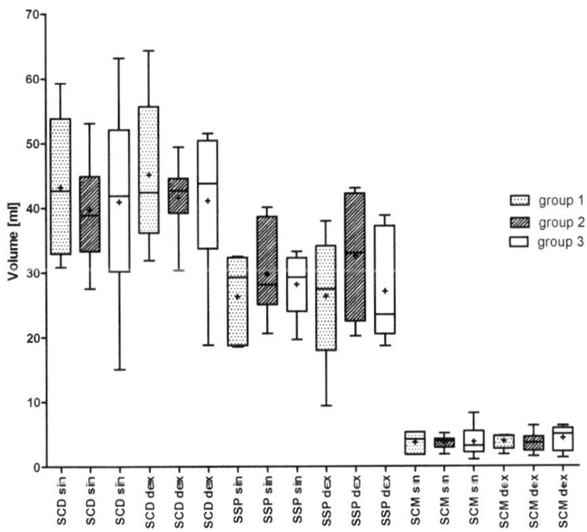

Figure 6: Grouped analyses of the volume [ml] of the Sinus conchae dorsalis (SCD), Sinus sphenopalatinus (SSP) and Sinus conchae mediae (SCM) for the left (sin) and right (dex) side; group 1: age ≤ 5 years (n = 5); group 2: age 6 - 14 years (n = 7); group 3: age ≥ 15 years (n = 6); mean +, median, 25%, 75% Percentile, minimum, maximum

The results of the craniometric measurements are presented in Table 4. The three variables (APq, BreaFront, HeighVisc) showed the highest correlation with the sinus volume of the entire head ($r^2 = 0.68$).

Table 4: Craniometric measurements of the heads (n = 18)

n = 18	AP [mm]	Apq [mm]	BreaFront [mm]	BreaMaxill [mm]	HeighVisc [mm]
Mean	566.1	591.5	225.4	135.9	103.9
SD	20.1	21.9	8.2	6.8	7.3
Med.	571.4	592.3	228.3	134.3	104.4
Min.	526.1	554.4	209.9	125.9	87.0
Max.	600.6	633.5	242.2	148.9	113.6

The dentition of the 18 horses was complete except for two horses where in one case the 206 (22 years old Thoroughbred stallion) and in the other case the 209 (14 years old Warmblood mare) was missing. For both sides, in none of the horses the first (105/205), second (106/206) and third (107/207) premolar were in contact with the paranasal sinuses. For the fourth premolar (108/208) there was a high variation of contact to the paranasal sinuses. But if it was in contact, only in association to the compartments of the rostral sinus system. These horses were distributed in all age groups. The roots of the first (109/209), second (110/210) and third molar (111/211) were in contact with both sinus systems. In one case (20 years old Warmblood gelding) the rostral tooth root of the first molar (109/ 209) was not in contact with any of the paranasal sinuses.

4.5 Discussion

The generated 3-D models represent the individual anatomical appearance of equine paranasal sinuses. In agreement with NICKEL and WILKENS (1958) individual differences in the existence of the sinuses could be shown. To the authors knowledge it is the first time that virtual casting methods of equine paranasal sinuses are used in different aged horses for demonstration and volumetric measurements of the sinuses.

The knowledge of cross-sectional anatomy is an important prerequisite for proper diagnosis, but it is difficult for students and also for practitioners to imagine 3-D objects in space (NÖLLER et al. 2004). In human medicine the multiple advantages of 3-D CT imaging in the head and neck region have been widely recognized by many physicians (KAWARAI et al. 1999). Segmentation of paranasal sinuses is of great interest for surgical ear, nose and throat workflow. Complex anatomy can be visualized clearly (PIRNER et al. 2009). KAWARI et al. (1999) and PARK et al. (2010) constitute that the cavity volume of the paranasal sinuses in men is still not only the simplest, but virtually the most important index for paranasal sinus evolution. PARK et al. (2010) conclude that the results of volumetric studies will aid the physician to understand the clinical and radiographic findings of sinus development and to evaluate sinus disease and potential surgical intervention.

In literature there are three possibilities for segmentation described: manual, semi-automatic, automatic (PIRNER et al. 2009). In human medicine for paranasal sinuses no automatic approaches exist so far, which is caused by the complex anatomy and high anatomical variability (TINGELHOFF et al. 2007). Manual segmentation is often believed to be very accurate if the specialist segmenting the object is very experienced (TINGELHOFF et al. 2008). In another study it is concluded that there are similar results for volumes, extensions and 3-D reconstructions done by semi-automatic segmentation in comparison with manual segmentation (TINGELHOFF et al. 2007). In agreement with this we used semi-automatic segmentation and sinus compartments were segmented slice by slice. The segmented areas were controlled and if necessary manually corrected. In the current study, semi-automatic segmentation of one dataset took less than 10 hours. TINGELHOFF et al. (2007) described that by the use of semi-automatic segmentation of the paranasal sinuses a time reduction of 78.1% compared to manual segmentation was possible. Nevertheless semi-automatic segmentation of human paranasal sinuses took 3.5 hours, which is concluded to be not practical for everyday workflow (TINGELHOFF et al. 2007). For generating 3-D models TINGELHOFF et al. (2007) used an unconstrained smoothing. Corresponding to this, we also used this setting to visualize our segmentation results. The 3-D models show a smooth surface without loss of detail compared to visualization without smoothing, which results in a rough surface.

In veterinary medicine, segmentation of paranasal sinuses is done for rodents (PHILLIPS et al. 2009), cats (NÖLLER 2006) and horses (HENNINGER et al. 2003; NÖLLER et al. 2007). The 3-D-models are used for volumetric measurements (NÖLLER et al. 2007; PHILLIPS et al. 2009), for the demonstration of the position to anatomical landmarks (NÖLLER 2006; PHILLIPS et al. 2009) and for a better understanding of pathologies (HENNINGER et al. 2003). In none of the cited equine studies a volumetric measurement of the compartments, a bilateral comparison or a comparison of different aged horses was performed.

Several authors used traditional casting methods for the demonstration of equine paranasal sinuses (NICKEL u. WILKENS 1958; COOK 1966a). NICKEL and WILKENS (1958) used the left side for casting and the right side as a control for preparation. After trephination of the SF and SMR the cavities were filled with plastoid. The casting process took several weeks until the plastoid mass was dry. The heads had to be rotated several times for filling every small cavity.

Virtual casting methods by the use of segmentation are superior compared with traditional castings (KAWARAI et al. 1999). As a result of bilateral segmentation we were able to show intraindividual differences in the expansion of the sinuses of both sides. The 3-D-models give precise information about the complex anatomy of the equine paranasal sinuses. The ventral protrusion of the sinuses between the tooth roots can be easily displayed. Transparency control, specific object selection and a variety of manipulation modes make visualization of the anatomic relationship of normally hidden structures simple (QIU et al. 2003). In contrast to latero-lateral x-rays and traditional casting methods the oblique orientation of the maxillary septum which contributes to an overlapping of the SMR and SMC can be seen. There was a high inter- and intraindividual variability in the degree of overlapping of these sinuses.

Several authors described the individual positioning of the oblique septum which divides the maxillary sinus into the SMR and SMC (ACKERKNECHT 1943; NICKEL et al. 2004). In agreement with other authors (ACKERKNECHT 1943; NICKEL u. WILKENS 1958; PERKINS 2002) the septum was complete in all examined heads in this study. This contributes to the existence of a more rostral and a more caudal orientated sinus system which are totally separate from each other.

PERKINS (2002) described the median location of the rostro-lateral limit of the maxillary septum located at the rostral aspect of second molar (110/210). In the current study an age relating rostral origin of the septum was proven. In young horses (G1 $\leq$ 5 y.) it mostly started at the first molar (109/209) and in some cases at the fourth premolar (108/208) or second molar (110/210), but never at the third molar (111/211). In older horses (G3 $\geq$ 15 y.) in most cases the rostral origin of the septum was located at the second molar (110/ 210) and sometimes at the first (109/ 209) or third molar (111/211), but never at the fourth premolar (108/208). This is in

agreement with other authors (DYCE et al. 1991; BAKER u. EASLEY 2007) who describe an age related rostral drift of the cheek teeth during development.
The volumetric measurements show no statistical significant differences in the volume of paranasal sinuses for each side, neither for the whole volume nor for the volume of the rostral or the caudal sinus system for each horse. An increase in mean and median total volume of paranasal sinuses for the three age-groups can be seen. The validity of this trend is limited because of the high variation in the minimum and maximum volume seen in the three groups and the small number of horses examined. The data material of the current study supports the statement of other authors that the development of paranasal sinuses is individual between horses of the same age and that there are only small changes related to age (TAYLOR 1955; NICKEL u. WILKENS 1958). The horses examined in this study are of various age, breed and gender. To estimate age related developments, the same horses at varying ages would have to be examined, which is nearly not practicable.
In literature, there are varying descriptions of the contact between teeth and paranasal sinuses showing the individuality and variability of the equines skull`s anatomy. DYCE et al. (1991) described an age depending contact: In young adult horses the last four check teeth are in contact with the sinuses, whereas in older horses only the last three check teeth project into them. In contrast, another author described that only the last three check teeth are in contact with the sinuses (HILLMANN 1975).
In the current study, in some horses the last four check teeth were in contact with the paranasal sinuses. Horses with this formation were distributed to every age group. Except for the rostral tooth root of the first molar (109/ 209) in one case of a group 2 horse, in all horses the tooth roots of the last three check teeth were in contact with the paranasal sinuses. Infections of the maxillary check teeth are a common cause for secondary sinusitis (PERKINS u. BARAKZAI 2005). In one study, dental infections caused 53% of sinusitis cases (TREMAINE u. DIXON 2001a). It is necessary to know, if the tooth root is in contact to the paranasal sinuses or not because it is related with treatment. If the paranasal sinuses are involved in the disease, removal of the tooth and additionally flushing of the paranasal sinuses may be considered.
Craniometric measurements were done to observe correlations between the total volume of the paransal sinuses and the skulls length, width and height. The results

show again that the anatomy of the paranasal sinuses is individual and at least not linked with craniometric parameters.

4.6 Conclusion

The present study shows 3-D models of equine paranasal sinuses. After segmentation, volumetric measurements of the paranasal sinuses were performed. There was no statistically significant difference in the volume of the paranasal sinuses compared to each side. The bilateral existing seven compartments are divided into two distinct systems, which are separated by the maxillary septum. The individual morphology of the paranasal sinuses is displayed. In contrast to traditional casting methods, 3-D models of virtual castings are superior. Additional information, such as anatomical variations of the course of the maxillary septum, can be shown, because of transparency control and grouped visualization of structures. The models can be used for anatomical education. Furthermore, the results will aid to understand clinical and radiographic findings of sinus development and pathological changes. The described method can be used as a preoperative diagnostic aid to consolidate difficult surgical cases.

5 Manuscript II

Three-dimensional reconstruction of the communication ways between the nasal cavity and paranasal sinuses of horses by use of segmentation of CT-datasets

5.1 Abstract

Sinusitis is a common disease of equine paranasal sinuses. Details of the pathophysiologic mechanisms which lead to sinusitis are unknown. In human medicine it is described, that obstruction of the communication ways into the paranasal sinuses plays a major role in the development of sinusitis. To get a spatial sense of the equine communication ways between the nasal cavity and the paranasal sinuses, heads of 19 horses, aged 2 to 26 years, were bilateral analysed by the use of three-dimensional (3-D) reconstructions of CT-datasets. To generate 3-D models, manual segmentations of the communication ways and semi-automatic segmentations of the paranasal sinuses were performed. Before segmentation, the two-dimensional (2-D) datasets were compared with corresponding frozen sections of the cadaver heads to verify anatomical findings. As previously described, separate semi-automatic segmentation of the paranasal sinuses of each side showed the bilateral existence of seven compartments: rostral maxillary sinus (Sinus maxillaris rostralis, SMR), ventral conchal sinus (Sinus conchae ventralis, SCV), caudal maxillary sinus (Sinus maxillaris caudalis, SMC), dorsal conchal sinus (Sinus conchae dorsalis, SCD), frontal sinus (Sinus frontalis, SF), sphenopalatine sinus (Sinus sphenopalatinus, SSP) and middle conchal sinus (Sinus conchae mediae, SCM). The complete maxillary septum (Septum sinuum maxillarium) divides these seven compartments into two sinus systems: rostral (SMR, SCV) and caudal (SMC, SCD, SF, SSP, SCM). The generated 3-D models of the communication ways between the nasal cavity and the paranasal sinuses showed a typically configuration and ramification into the paranasal sinuses. The communication ways started medial at the nasomaxillary aperture (Apertura nasomaxillaris) in the middle nasal meatus (Metus nasi medius) as a common channel (*Canalis sinunasalis communis*). In the following, a ramification into a rostral channel (*Canalis sinunasalis rostralis*) and a caudo-lateral channel (*Canalis sinunasalis caudalis*) could be seen. The rostral sinunasal channel (*Canalis sinunasalis rostralis*) was in communication with the rostral sinus system. In most cases this channel was in sole communication with the SMR (20 of 38). In some cases it was connected to both compartments of the rostral sinus system (16 of 38). Less often it was in single contact with the SCV (2 of 38). Whereas, the caudal channel *(Canalis sinunasalis caudalis)* showed less anatomical variations and was in all cases connected to the SMC (38 of 38). Given these facts, the communication ways can be subdivided into three parts. The in italic written terms are the authors' suggestions for the nomenclature of this structure, but up to now not part of the Nomina Anatomica Veterinaria (2005).

Volumetric measurements of the sinunasal channels showed no statistically significant difference ($P < 0.05$) in the channel volume of each side.

In conclusion, under physiologic conditions both sinus systems are in communication with the nasal cavity. Commonly beginning in the middle nasal meatus, there are two channels leading into two separated sinus systems.

Knowledge of the separate entrance of the sinunasal channels into the paranasal sinuses is necessary for pathophysiological understanding of sinusitis and surgical intervention. To resolve sinus disease, surgical intervention to recreate these pathways may be necessary. The 3-D models of the equine communication ways give an impression, how challenging a transnasal endoscopic examination or flushing of one of these channels is.

5.2 Introduction

Diseases of the equine paranasal sinuses are of special interest in equine medicine, since sinusitis is a common disease of equine paranasal sinuses (NICKELS 2011). The anatomy of the paranasal sinuses and the nasal cavity is challenging, but detailed knowledge of these structures is essential for successful diagnostic and surgical intervention (WAGENMANN u. NACLERIO 1992; RUGGLES et al. 1993; LATORRE u. RODRIGUEZ 2007). In human medicine, drainage is the most important factor for establishing physiologic conditions of the paranasal sinuses (MESSERKLINGER 1966). Furthermore, obstructions of the sinunasal pathways are suspected to be a primary factor in developing sinusitis in man (WAGENMANN u. NACLERIO 1992).

The equine paranasal sinuses are connected to the middle nasal meatus (NICKEL u. WILKENS 1958; WAIBL 2004). The nasomaxillary aperture (Apertura nasomaxillaris) is described as a common entrance into the rostral and caudal maxillary sinus (DYCE et al. 1991; PERKINS 2002; WAIBL 2004; BUDRAS u. RÖCK 2009; TATARNIUK et al. 2009; WISSDORF et al. 2010). The development of paranasal sinuses starts during organogenesis. At this time the mucosa of the middle nasal meatus protrudes into the maxillary bone; through which a two-parted anlage of the maxillary sinus and the communication ways is developed (BUDRAS u. RÖCK 2009).

Detailed knowledge and a spatial understanding of the communication ways between the nasal cavity and paranasal sinuses is essential for establishing new transnasal diagnostic and surgical methods for the treatment of equine sinus disease.

The aim of this study was to give a detailed description of the equine sinunasal communication ways. By use of three-dimensional (3-D) reconstructions a spatial impression of these structures is given. The generated 3-D models were compared to the existing nomenclature. Besides the existing Nomina anatomica veterinaria (NAV 2005) the descriptions and additional used terms shall allow for a more precise nomenclature for the parts of these pathways. Moreover, volumetric measurements of the communications ways allowed to analyse, if there were differences in the volume compared left to right sides.

5.3 Material and methods

Nineteen horse heads of various breeds (13 Warmbloods, 4 Thoroughbreds, 2 others) were used to acquire CT-datasets. There were 8 mares, 8 geldings and 3 stallions. The age of the examined horses ranged from 2 to 26 years (mean ± SD, 12.6 ± 8.3 y.). The horses were euthanized for reasons unrelated to the head. None of the horses had a known history or, at the time of death, clinical signs of paranasal sinus disease. Post mortem, the heads were harvested in the atlanto-occipital joint, cooled and CT-datasets were acquired within 24 hours (mean ± SD, min - max; 8:29 ± 6:30 h:mm, 1:46 - 21:11 h:mm) after euthanasia. Image acquisition was performed at the University of veterinary medicine Hannover, Foundation with a Brilliance^{TM} CT - Big Bore Oncology Scanner (Philips Medical Systems, Best, The Netherlands). The skulls were positioned standing on the mandible. Transverse images of the whole head were acquired in an axial scan mode using the following parameters: 140 kV, 500 mAs, 1.5 mm slice thickness. One soft tissue series (filter: brain standard, 512 image matrix) and one series for bony details (filter: detail, 1024 image matrix) were acquired. By the use of multiplanar reconstructions (MPR) different series were generated. Two transversal series (soft tissue: WL 50 HU, WW 500 HU; bony detail:

WL 300, WW 2800) oriented perpendicular to the hard palate and one coronal series (bony detail: WL 300, WW 2800) oriented parallel to the hard palate, were reformatted. The 2-D slices were viewed to obtain normal morphological and existence of pathological changes. Furthermore, positioning of the nasomaxillary aperture in relation to the teeth was noticed.

After image acquisition the heads were frozen and dissected (Figure 7). Transversal and sagittal cuts were made by the use of a band saw (Kolbe Typ K420, Kolbe, Elchingen, Germany) (Figure 7 A, B). The skin was removed. In the following, horizontal cuts, frontonasal and maxillary bone flaps were performed using an oscillating saw (Oscillant Typ G-6100-05, Aesculap, Tuttlingen, Germany) to visualize the entrance of the communication channels into the paranasal sinuses (Figure 7 C, D, E, F). To get further access to the nasomaxillary aperture (Apertura nasomaxillaris) in the middle meatus the tissue block was fitted by use of a second band saw (Micro MBS 240/E, Proxxon, Föhren, Germany). In the end the tissue block consisted of parts of the maxillary bone (Os maxillare), maxillary septum (Septum sinuum maxillarium), lamellae of the dorsal and ventral nasal concha and in some cases parts of the infraorbital channel (Canalis infraorbitalis) and tooth material. After preparation the tissue blocks were photographed and refrigerated stored in Peter`sche solution.

The program Amira 5.3.3® (Visage Imaging, Berlin, Germany) was used for segmentation of CT-datasets of the paranasal sinuses and sinunasal channels. The reconstructed transversal dataset (bony details, transversal orientated parallel to the hard palate) was opened. The communication ways between the nasal cavity and the paranasal sinuses were reconstructed by use of manual segmentation slice by slice starting in a rostral slice. The first slice for segmentation was defined to be the rostral one, in which the sinunasal channel is in continuous communication with the paranasal sinuses (SMR or SCV). The landmark for the medial beginning of manual segmentation in the middle meatus was a typically seen hook orienting dorsally from the lamella of the dorsal conchal sinus (Figure 8, A). The lateral ending for manual segmentation of the communication ways was defined as: 1. horizontal line, drawn between the most ventral points of the spiral lamella of the ventral conchal sinus to the maxillary bone (Figure 8, A), 2. limited by the fusion of the spiral lamella of the ventral concha with the maxillary bone (Figure 8, B), 3. vertical line beginning ventrally at the maxillary septum (Septum sinuum maxillarium) and ending dorsally at the lamella which forms the floor of the dorsal conchal sinus and the frontomaxillary aperture (Figure 8, C).

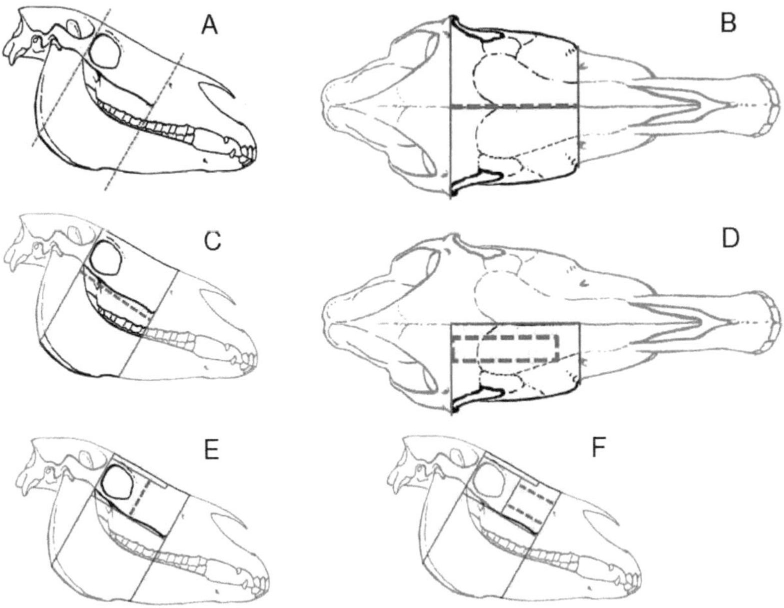

Figure 7: Illustration of the dissection of the heads; broken red lines: actual cut; continuous red line: intersection; (A) two transversal cuts rostral of the Crista facialis and caudal to the orbital cavity; (B) median sagittal cut; (C) horizontal cut parallel to the Crista facialis; (D) frontonasal bone flap; (E) removal of the orbital cavity; (F) maxillary bone flap (modified according to NICKELS 2011)

In a second step demarcation lines were manually drawn slice by slice to separate the paranasal sinus compartments from each other and from the nasal cavity. Semi-automatic segmentation of the sinus cavities was performed inside the tissue lining of the sinuses by using a masking from -1100 to -600 HU. A seed point for a 2-D growing region algorithm was set slice by slice in every compartment and the resulting segmented area was added to the contributing sinus. After semi-automatic segmentation a manual correction of artifacts such as holes and fluid fillings was performed for each slice.

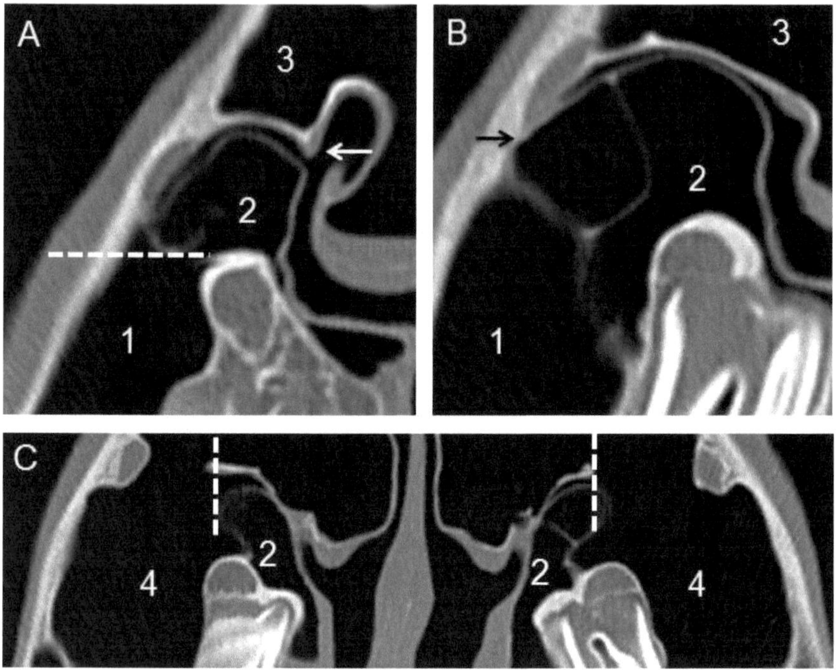

Figure 8: Illustration of the medial and lateral limits for segmentation of the sinunasal channel in transversal CT-slices of a 3-year old Warmblood mare; (A) CT-slice at the level of 109/209, white arrow: 'hook' protruding from the spiral lamella of the dorsal concha into the middle meatus, broken line: intrasinuidal limit for segmentation of the rostral sinunasal channel; (B) CT-slice at the rostral level of 110/210, black arrow: fusion of the spiral lamella of the ventral concha with the maxillary bone; (C) transversal CT-slice at the caudal level of 110/210, broken line: intrasinuidal limits for segmentation of the caudal sinunasal channel, pay attention to the differences of the 'bulla'-like protrusion of the SCV between left and right side; (1) SMR, (2) SCV, (3) SF, (4) SMC

For surface calculation of the communication ways no smoothing was used. While, for the paranasal sinuses unconstrained smoothing was used.

After segmentation volumetric measurements of the generated 3-D models of the communication ways were performed.

5.3.1 Statistical analyses

For data collection a spread sheet (Excel® 2010, Microsoft® Corporation Redmond, Washington, USA) and for further statistical analyses a separate software was used (Prism®, GraphPad Software, La Jolla, USA).

Descriptive statistics were performed. To determine the normality of distribution, a Kolmogorov-Smirnov test was assessed. A paired t-test was used to analyse if there were significant differences in the volume of the sinunasal channels between the left and the right side. The level of significance was set at $P < 0.05$.

5.4 Results

In every of the 19 analysed datasets the communication ways between the nasal cavity and the paranasal sinuses could be seen which showed a typically ramification into the paranasal sinuses.

As described in another recently published study, the seven expected sinus compartments could be identified for both sides in the 2-D datasets (Figure 9): rostral maxillary sinus (Sinus maxillaris rostralis, SMR), ventral conchal sinus (Sinus conchae ventralis, SCV), caudal maxillary sinus (Sinus maxillaris caudalis, SMC), dorsal conchal sinus (Sinus conchae dorsalis, SCD), frontal sinus (Sinus frontalis, SF), sphenopalatine sinus (Sinus sphenopalatinus, SSP) and middle conchal sinus (Sinus conchae mediae, SCM). Due to the existence of the maxillary septum, the seven compartments were divided into two totally separated sinus systems: a more rostral orientated system (SMR, SCV) and a more caudal orientated system (SMC, SCD, SF, SSP, and SCM).

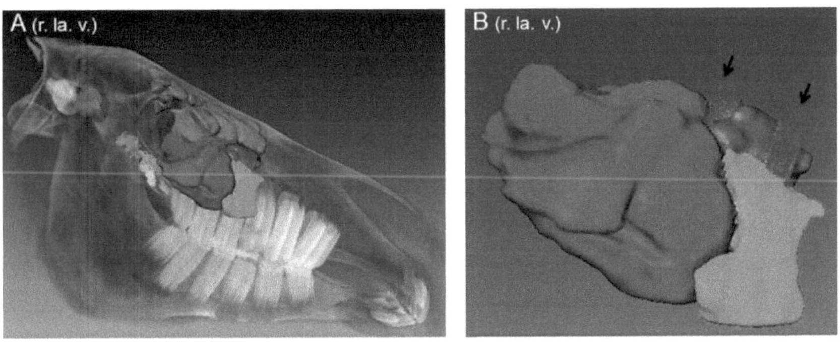

Figure 9: 3-D models of the right side of a 3-year old Warmblood mare, lateral view (r. la. v.); (A) segmentation of paranasal sinuses and sinunasal channels and volume rendering of the bony structures of the head; (B) enlargement of picture (A), without volume rendering; bright green: SMR, dark green: SCV, red: SMC, orange: SF, yellow: SSP; blue: sinunasal channel (black arrows)

Abnormal findings were seen in 12 (63%) of the 19 datasets. In these datasets some of the sinus compartments contained some gravity dependent fluids. Macroscopic preparation verified these findings as serosanguineous fluids. In one case (26 years old Warmblood stallion) a homogeneous structure (25 Hounsfield Units; dimensions latero-lateral x dorso-ventral x rostro-caudal, 54.7 x 53.9 x 60.0 mm) was seen in the right SMC. This structure could be identified during macroscopic preparation as a fluid filled cyst.

The nasomaxillary aperture was visible in the middle meatus in every transversal CT-dataset and on macroscopic preparation. In relation to cheek teeth, the nasomaxilary aperture was located at the level of the first (109/209) and second (110/210) molar for horses less than 15 years. Moreover, in horses above 15 years of age the nasomaxillary aperture was located at the level of the second (110/210) and third (111/211) molar.

Medial starting at this slit-like opening a system of channels which is in communication with the paranasal sinuses could be observed. The following used, terms written in italic are the author's suggestions for the nomenclature of this channel system, but up to now not part of the Nomina Anatomica Veterinaria (2005).

The generated 3-D models of these communication ways showed a typically configuration which can be subdivided into three parts (Figure 10). The first part is a common channel (*Canalis sinunasalis communis*), medial starting at the nasomaxillary aperture in the middle meatus and is dorsally limited by the spiral lamella of the dorsal concha and ventrally limited by the spiral lamella of the ventral concha. The caudal limitation is built by the fusion of these two lamellae. This part of the sinunasal channel is dorso-lateral oriented. In its further extent, the common sinunasal channel is divided into two distinct channels. This separation is caused by fusion of the ventral spiral lamella with the maxillary bone. The ramification of the common sinunasal channel results in a rostral channel, orienting laterally and a caudal channel, orienting caudo-lateral. The rostral sinunasal channel (*Canalis sinunasalis rostralis*) is connected to the rostral sinus system. Coming from dorso-medial it turns ventrally; where it gets access to the paranasal sinus compartments of the rostral sinus system.

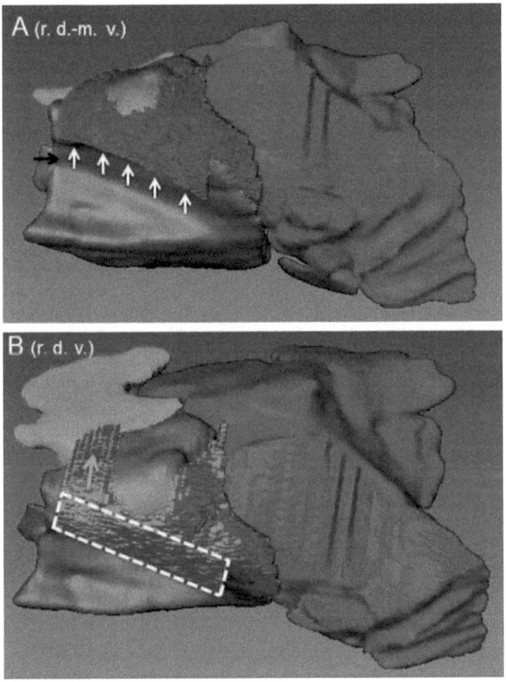

Figure 10: 3-D models of the sinunasal channel and the SMR, SCV and SMC of a 3-year old Warmblood mare; (A) right side, dorsomedial view (r. d.-m. v.), white arrows: nasomaxillary aperture, black arrow: caudal parts of the middle nasal meatus; (B) right side, dorsal view (r. d. v.), broken lines: common sinunasal channel (*Canalis sinunasalis communis*), green arrow: rostral sinunasal channel (*Canalis sinunasalis rostralis*), red arrow: caudal sinunasal channel (*Canalis sinunasalis caudalis*); bright green: SMR, dark green: SCV, red: SMC; blue: sinunasal channel

There was some variation in the entrance of this channel in the rostral sinus system (Figure 11). In most cases (20 of 38; 52.6%) the rostral sinus channel was only connected to SMR. In 16 of 38 cases (42.1%) it was in communication with the SMR as well as with the SCV. In the last two cases (2 of 38; 5%) the rostral sinunasal channel was in sole connection with the SCV. Comparing the left and the right side, in eight horses (8 of 19; 42.1%) on both sides this channel was solely connected with the SMR. In six horses (6 of 19; 31.6%) the channel is bilaterally connected to both compartments (SMR and SCV). Furthermore, in four horses (4 of 19; 21.0%) this connection to both compartments could be seen on one side, whereas the other side was solely connected to the SMR. In one horse for left and right side, both rostral sinunasal channels were in single communication with the SCV (1 of 19; 5.3 %).

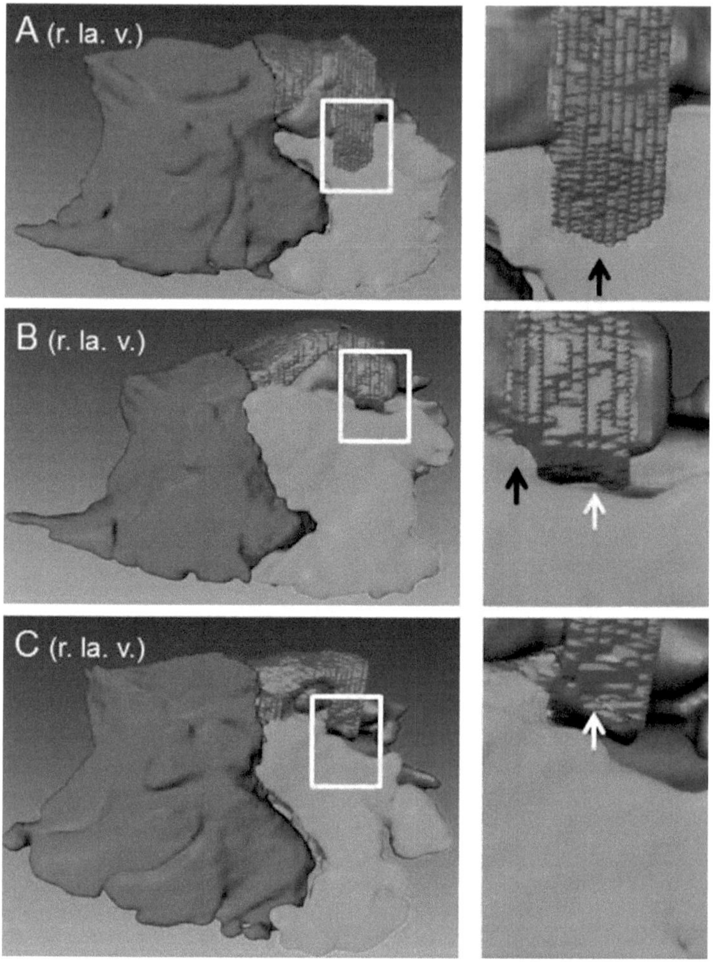

Figure 11: 3-D models of the sinunasal channel and SMR, SCV and SMC of three different horses, lateral view of the right side (r. la. v.) and enlargement of the white bordered area; (A) 8-year old Warmblood gelding, the rostral sinunasal channel is in single communication with the SMR (black arrow); (B) 7-year old Thoroughbred; the rostral sinunasal channel is in communication with the SMR (black arrow) and the SCV (white arrow); (C) 26-year old Warmblood stallion, the sinunasal channel is in single communication with the SCV (white arrow); bright green: SMR, dark green: SCV, red: SMC; blue: sinunasal channel

In contrast, the caudal sinunasal channel (*Canalis sinunasalis caudalis*) depicted less anatomical variations and was in all cases directly connected to the SMC (38 of 38). Orienting from the common sinunasal channel it turns caudo-laterally. It is dorsally limited by the spiral lamella of the dorsal concha, which builds the ventral roof of the dorsal conchal sinus. The ventral limitation is built by the dorsal part of the maxillary septum, which is the caudally oriented, 'bulla-like' protrusion of the SCV into the SMC. There was some variation in the extent of the caudal sinunasal channel, due to the size of the 'bulla-like' protrusion of the SCV. In relation to this caudal protrusion in 24 of 38 demi-heads (63%) the caudal sinunasal channel was in contact to rostro-medial parts of the frontomaxillary aperture. This could be seen for both sides in 13 of 19 horses (68%). In contrast to this, in six horses (31%) on one side the caudal protrusion of the SCV was located so far caudally that the caudal sinunasal channel turned rostro-medial to the frontomaxillary aperture. In one horse (20 years old Warmblood mare) the caudal sinunasal channel was subdivided into two parts, because of a caudo-dorsal protrusion of the SCV (Figure 12).

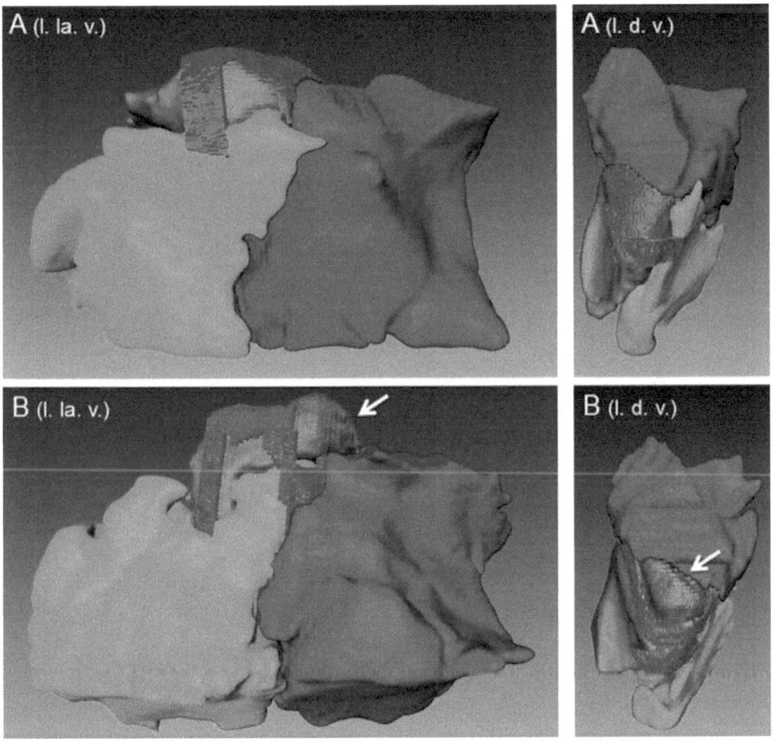

Figure 12: 3-D models of the sinunasal channel and the SMR, SCV and SMC of the left side of two different horses, lateral view (l. la. v.) and dorsal view (l. d. v.); (A) 20-year old Warmblood gelding; (B) 20-year old Warmblood mare; bright green: SMR, dark green: SCV, red: SMC; blue: sinunasal channel; Please note the protrusion of the SCV of horse (B) (white arrows)

The total volume of the sinunasal channel system was at median 2.44 ml for the left (min - max; 1.64 to 14.7 ml) and 2.38 ml for the right side (min - max; 1.12 - 11.67 ml). There was no significant difference in the volume of the sinunasal channel comparing the left and right side (P = 0.197). The difference between the minimum and maximum total volume of the sinunasal channels, reveal the individual variability in the diameter of the channel system. In some cases in the CT-datasets, and during macroscopic preparation, the space between the limiting lamellae was nearly invisible. Inserting a flexible plastic probe into the pathways during macroscopic preparation without destroying the membranes revealed that the pathways were in continuous communication with the middle nasal meatus, except for those areas where the spiral lamella of the ventral concha fused with the maxillary bone.

5.5 Discussion

The generated 3-D models represent the equine sinunasal pathways, which connect the paranasal sinuses with the nasal cavity. The ability to display the sinunasal channels singly or in addition with the paranasal sinus compartments, the viewer is able to get a spatial impression of these complex anatomical structures. In literature, there are several studies published describing this structure by use of macroscopic preparation (NICKEL u. WILKENS 1958; COOK 1966a; PERKINS 2002; TATARNIUK et al. 2009) or CT imaging (PROBST et al. 2005). In contrast to traditional casting methods where the sinunasal communication ways were closed to fill the paranasal cavities with plastoid (NICKEL u. WILKENS 1958), 3-D models of the sinunasal channels could be generated by use of virtual casting methods. To the authors knowledge this is the first time that manual segmentation is used to generate 3-D models of the equine sinunasal channels and that volumetric measurements for the evaluation of contralateral differences is performed.

In literature, there are varying descriptions of the equine sinunasal pathways. Most authors agree, that the nasomaxillary aperture provides a common entrance into the maxillary sinuses (PERKINS 2002; WAIBL 2004; NÖLLER u. BUDRAS 2009; TATARNIUK et al. 2009). The nasomaxillary aperture is a slit-like channel, dorsal and ventral limited by the lamellae of the dorsal and ventral conchal sinuses, positioned above the second (110/210) and third (111/211) molar (ACKERKNECHT 1943; NICKEL u. WILKENS 1958; PROBST et al. 2005). In agreement with this, we found the entrance into the sinunasal channel as a slit-like opening, located in the middle meatus in all of the 38 examined demi-heads. The position of this entrance varied with age. The results of our study show, that in younger horses the opening was located more rostrally compared to descriptions in literature and compared to older horses (≥ 15 year old), where it was positioned above the second and third molar. In comparison to the nomenclature for the openings between the sinus compartments (WAIBL 2004; NAV 2005): conchomaxillary aperture (Apertura conchomaxillaris), frontomaxillary aperture (Apertura frontomaxillaris), palatomaxillary aperture (Apertura palatomaxillaris), we defined the opening into a channel system as the nasomaxillary aperture (Apertura nasomaxillaris). This rostro-caudally and horizontal oriented, slit-like opening was limited by a typically seen hook, which protruded from the lamella of the dorsal concha ventrally into the middle meatus. This was defined as the beginning of the sinunasal channel system. We came to the conclusion that from a critical point of view it can be defined as the beginning of the channel system, and thus be called nasomaxillary aperture (Apertura nasomaxillaris). This nasomaxillary aperture led into a common sinunasal channel and, in agreement with other authors (DYCE et al. 1991; PERKINS 2002; WAIBL 2004; BUDRAS u. RÖCK 2009; TATARNIUK et al. 2009) by this it formed a common entrance to the paranasal sinuses. In the following this common sinunasal channel was divided into two separate channels, as described by NICKEL and WILKENS (1958), PERKINS (2002) and TATARNUIK et al. (2009), which were in communication with a rostral and caudal sinus system. In agreement with PERKINS (2002), we found the caudal sinunasal channel varied less in its path into the SMC compared to the rostral sinunasal channel. As described by ACKERKNECHT (1943) and NICKEL and WILKENS (1958), there is some variation in the existence of this caudal sinunasal channel in relation to the caudal or dorso-caudal protrusion ('bulla') of the SCV. This protrusion forms the caudo-dorsal part of the maxillary septum and furthermore, the ventral limitation of the caudal sinunasal channel. When there is a large caudal protrusion of the SCV into the SMC, the intrasinuidal exit of the caudal sinunasal channel can be found directly rostral to the frontomaxillary aperture. In the current study in one case the dorsal protrusion of the SCV led to a separation of this caudal sinunasal channel into two parts.

In literature there are varying descriptions about the pathway leading into the rostral maxillary sinus. In the current study, in every demi-head a pathway between the nasal cavity and the rostral sinus system exists. In agreement with this, other authors

(NICKEL u. WILKENS 1958; PERKINS 2002; TATARNIUK et al. 2009) always found an entrance into the rostral sinus system. In the current study, this rostral sinunasal channel showed much variation in its communication with the two compartments of the rostral sinus system. In contrast, other authors describe, that the rostral pathway was always in communication with the SMR (NICKEL u. WILKENS 1958; PERKINS 2002; TATARNIUK et al. 2009). ACKERKNECHT (1943) states, that there is a pathway into the SMR in cases, when the lamella of the ventral concha protrudes into the SMR. If this protrusion is absent, the lamella may be fused to the maxillary bone and the pathway is missing. We constantly found a fusion of the lamella of the ventral concha with the maxillary bone located between the rostral and caudal sinunasal channel. This separates both channels from each other, which is in agreement with TATARNUIK et al. (2000). PROBST et al. (2005) also analysed the communication between the nasal cavity and the paranasal sinuses by use of CT. The nasomaxillary aperture is described as a connection between the SMC and the nasal cavity (PROBST et al. 2005). In this study a connection between the SMR and the nasal cavity is not described. This can be due to the generated slice thickness. In the present study transversal slices with a thickness of 1.5 mm and 1024-image matrix were acquired, which resulted in high-resolution images. In contrast, PROBST et al. (2005) examined transversal datasets in which slice thickness was set at 5 mm and image matrix 512 x 512.

TAYLOR et al. (1955) described in some cases the two maxillary cavities have a common opening. This was not visible in the heads of the current study neither in the CT-datasets nor on macroscopic preparation.

From a clinical point of view, we state that for establishing physiologic conditions of the paranasal sinuses, the existence and functionality of these sinunasal channels is essential. In human medicine it is described that drainage of the paranasal sinuses depends on five factors: 1. the communication pathways, 2. the secretion, 3. the quality of the secrets, 4. the cilia activity and 5. the resorption (MESSERKLINGER 1966). In equine medicine some authors constitute that primary sinusitis leads to inflammation of the mucosa with following occlusion of the drainage pathways and accumulation of fluids in the paranasal sinuses (DIXON u. O'LEARY 2012). Other authors describe, that the initial step in establishing paranasal sinus disease is the stagnation of mucociliary clearance, which can become chronically and lead to a mucosal hyperplasia. This hyperplasia is due to the pathways occlusion (LANE

1993a). In literature, mucosal hyperplasia in paranasal sinus disease up to 15 mm was described (TREMAINE et al. 1999). These authors conclude that the combination of mucosal swelling and lowered mucociliary clearance are predisposing for bacterial infections. Also the congenital missing of the sinunasal channels is described to result in fluid accumulation within the paranasal sinuses and leading to a mucocele (COOK 1966b).

In human medicine functional endoscopic sinus surgery (FESS) is a minimal-invasive method to re-establish ventilation and drainage of the paranasal sinuses via the natural openings (STAMMBERGER 1986a; STAMMBERGER u. POSAWETZ 1990; KENNEDY 2006). By re-establishing the natural pathways, there is no need for fenestration of the paranasal sinus at another area (STAMMBERGER u. POSAWETZ 1990). Moreover, in veterinary medicine balloon sinuplasty is described as a minimal-invasive treatment method for primary sinusitis (BELL et al. 2009). After widening the caudal sinunasal channel, the flow-rate of the SMC was significantly higher than before, whereas dilatation of the rostral sinunasal channel was not possible. This reflects that detailed anatomical knowledge and a spatial sense of these structures is essential for diagnostical and surgical intervention. By viewing the 3-D models of the sinunasal channel system and knowing the relations to other anatomical structures, the results of the balloon dilatation can be interpreted. The caudal sinunasal channel originates at the common sinunasal channel, tunrs caudolaterally and ends in the SMC. This channel is ventrally limited by the thin dorsal part of the maxillary septum, which is the caudal, 'bulla-like' protrusion of the ventral conchal sinus. Depression of this part was visible in every horse after dilatation (BELL et al. 2009). The entrance into the rostral sinus system is much more complicated, due to angulation of the rostral sinunasal channel and the elasticity of the ventral limitation of this channel. The ventral limitation is formed by the spiral lamella of the ventral concha. The fusion of this lamella with the maxillary bone results in returning of this lamella to its basic position after removing plastic probes from the sinunasal channel, which was visible during macroscopic preparation. This lamella seems to be fixed in position. Even if there is transnasal access to this part of the sinunasal channel system, which is rarely possible due to the 90° angulation as discussed by BELL et al. (2009), positive results of balloon sinuplasty maybe of limited value. If instruments are optimized for transnasal assessment of the rostral sinunasal channel, the insertion of drug eluting biodegradable stents as described in human medicine (KENNEDY 2006) could be a novel, minimal-invasive, successful technique.

BEHRENS et al. (1991) described the procedure of equine paranasal sinusography. By placing 130 ml of contrast medium into the conchofrontal sinus, only a small amount of contrast agent was visible in the SMR. Fluids from the caudal sinus system can flow through the caudal sinunasal channel into the common sinunasal channel. It is the authors' assumption that from here fluids can drain either via the nasomaxillary aperture into the nasal cavity or via the rostral sinunasal channel into the rostral sinus system. This fluid flow would be a gravitational dependent flow in relation to head position. Clinicians should be aware of this fluid flow, because pathological conditions of the caudal sinus system can be due to fluid fillings of the rostral sinus system without a primary cause of the rostral sinus compartments.

5.6 Conclusion

The natural pathway of the equine paranasal sinuses and the nasal cavity are a complex channel system, medially starting in the middle nasal meatus. The nasomaxillary aperture is the entrance into a sinunasal channel system, which is initially established as a common sinunasal channel (*Canalis sinunasalis communis*). In the following the channel is divided into two separate channels: 1. rostral sinunasal channel (*Canalis sinunasalis rostralis*) and 2. caudal sinunasal channel (*Canalis sinunasalis caudalis*). The rostral sinunasal channel is in communication with the compartments of the rostral sinus system: 1. in single communication with the SMR, 2. in communication with both compartments of the rostral sinus system (SMR and SCV) or 3. in single communication with the SCV. Moreover, the caudal sinunasal channel is in communication with the SMC. Detailed anatomical knowledge is an essential prerequisite for successful diagnosis and surgical treatment. The generated 3-D models give an excellent spatial impression of this complex anatomical structure. The suggested terms complete the existing nomenclature and contribute to a clear address of the respective part of the channel system, which is essential for diagnosis and further minimal-invasive treatment methods. The 3-D models can be also used for educational purposes. Furthermore, these models allow virtual simulations to generate new transnasal, minimal-invasive surgical approaches and instruments.

6 Übergreifende Diskussion

6.1 Untersuchungsmaterial

Zur Untersuchung der anatomisch-physiologischen Verhältnisse gelangten Köpfe von Pferden unterschiedlichen Alters, Rasse und Geschlechts, die aufgrund einer Erkrankung außerhalb des Nasenhöhlen- und Nasennebenhöhlenbereichs euthanasiert wurden. Zum Zeitpunkt der Euthanasie waren keine klinischen Anzeichen einer Sinusitis vorhanden. Nicht alle der zur CT-Untersuchung gelangten Kopfpräparate konnten für die Studie genutzt werden, da postmortem entweder hochgradige Flüssigkeitsansammlungen vorlagen (3 Pferde), keine makroskopische Präparation durchgeführt werden konnte (2 Pferde), da diese Köpfe nicht mehr zur Verfügung standen, oder es sich um Köpfe juveniler Pferde handelte (5 Fohlen).
Um postmortale Artefakte der NNH, wie sie hinsichtlich der Flüssigkeitsansammlungen innerhalb der NNH von MORROW et al. (2000) beschrieben wurden, so gering wie möglich zu halten, wurden die CT-Bilder spätestens 24h nach Euthanasie akquiriert. Dennoch waren wie oben bereits erwähnt einige Datensätze nicht nutzbar. Darüber hinaus wurden exemplarisch bei einem Pferd die Auswirkungen unterschiedlicher Lagerungen und postmortale Veränderungen auf die Qualität der CT-Datensätze überprüft.
Zur Optimierung der Bildqualität wurden im Rahmen von Vorversuchen unterschiedliche CT-Einstellungen an sieben Pferden unterschiedlicher Rasse und unterschiedlichem Geschlecht, im Alter von zwei bis 19 Jahren, durchgeführt. Die Nachbearbeitung der CT-Datensätze im verwendeten Visualisierungsprogramm setzte das Erstellen hochaufgelöster Bilder voraus, um die Existenz der im Verhältnis zum Rest des Kopfes kleinen Zugänge in die NNH darstellen zu können. Diese Köpfe wurden im Rahmen der ersten makroskopischen Präparationsversuche zusätzlich genutzt, um eine optimale Methodik zur makroskopischen Darstellung der sinunasalen Kommunikationswege zu entwickeln. Das Ziel der Präparationen war die Entwicklung einer Abfolge von Präparationsschritten, die es erlaubt ohne Zerstörung von wesentlichen anatomischen Bereichen die sinunasalen Kommunikationswege darzustellen.

6.2 CT-Untersuchung

Zur Darstellung der NNH und der Kommunikationswege zwischen den NNH und der Nasenhöhle wurde die CT als bildgebendes Verfahren gewählt. Diese bildgebende Modalität gilt in der Humanmedizin zur Diagnostik von Erkrankungen im Bereich der NNH und Nasenhöhle als Verfahren der Wahl (REITH 2005). Sie ist weit verbreitet und bietet im Gegensatz zu anderen schnittbildgebenden Verfahren, wie beispielsweise der MRT, eine optimale Abbildung filigraner knöcherner Strukturen (HOFMANN 2005). Da die Zugänge in die NNH von schleimhautüberzogenen Knochenlamellen gebildet werden, war die CT auch in der vorliegenden Studie die Methode der Wahl.

Die Lagerung der adulten Köpfe auf dem Unterkiefer stehend und der Nasenrücken mit Klebeband an der Patientenliege fixiert führte zur Erstellung qualitativ hochwertiger Datensätze, die keine Bewegungsartefakte zeigten. Bei den juvenilen Pferden war die Standfläche des Unterkiefers verhältnismäßig schmaler, wodurch hier zumeist eine Untersuchung in Seitenlage erfolgte (exkl. V16). Die seitliche Lagerung war aber auch dadurch bedingt, dass bei einigen der untersuchten Fohlen der Kopf nicht vom Tierkörper abgesetzt war. Zur Vereinheitlichung der Schnittbilder wurden die Datensätze durch Anwendung der MPR entweder senkrecht zum harten Gaumen, unter Entstehung transversaler Schnittbildserien oder parallel zum harten Gaumen, wodurch koronale Schnittbildserien entstanden, ausgerichtet. Eine derartige Wahl der Schnittbildebenen ist auch in der Literatur beschrieben (PHILIPP 2007). Verzerrungen, wie sie von NÖLLER (2006) durch das Neigen der Gantry beschrieben wurden um die Schnittbilder in der optimalen Ebene zu akquirieren, sind durch Anwendung der MPR nach Erstellung der CT-Rohdaten zu vermeiden.

Zur Akquirierung der Datensätze wurden der axiale Scanmodus und eine Schichtdicke von 1,5 mm gewählt. In Übereinstimmung mit SCHWARZ u. SAUNDERS (2011) führte die Anwendung des axialen Scanmodus im Vergleich zum helikalen Modus zu einer besseren Bildqualität. Es zeigte sich eine geringere Ortsauflösung im helikalen Datensatz. Die feinen Details des Verlaufs des sinunasalen Kanalsystems wurden erst im axialen Datensatz sichtbar. Entsprechend den Empfehlungen der European Guidelines on Quality Criteria for Computed Tomography (EUROPEAN COMMISSION 1999) erfolgte die Darstellung der Datensätze sowohl im Knochen-, wie auch im Weichteilfenster. Da eine bestmögliche Darstellung des in die NNH hineinführenden Kanalsystems im transversalen

Knochenfenster-Datensatz möglich war, wurde dieser Datensatz zur Erstellung der 3D-Modelle im Visualisierungsprogramm genutzt. Im Gegensatz zu anderen Studien (MORROW et al. 2000; SMALLWOOD et al. 2002; PROBST et al. 2005) wurde ein hochauflösender Datensatz mit einer 1024er Bildmatrix und einer vergleichsweise geringen Schichtdicke von 1,5 mm genutzt. Die Wahl der Schichtdicke und der Bildmatrix führte zu sehr feinen, hochaufgelösten Bildern, die für eine exakte Darstellung der filigranen sinunasalen Kommunikationswege von essentieller Bedeutung sind. Die zeitliche Akquirierung des Rohdatensatzes lag bei drei bis fünf Minuten, zuzüglich maximal weiterer fünf Minuten zur Rekonstruktion des Knochenfensterdatensatzes. Hinsichtlich des zeitlichen Aufwandes sind die gewählten Einstellungen somit auch im klinischen Arbeitsablauf anwendbar und nicht als limitierender Faktor zu betrachten.

6.3 Makroskopische Präparation

Die Präparation der Köpfe erfolgte im tiefgefrorenen Zustand, um die Schleimhaut möglichst nicht von dem darunter liegenden Knochen zu lösen. Diese Technik hat sich vor allem im Bereich der Spirallamellen bewährt, wo sich während der Vorversuchsphase die Schleimhaut von den sie stützenden knöchernen Lamellen löste. In der Literatur ist die Erstellung von Querschnittspräparaten am tiefgefrorenen Objekt beschrieben (STEINMANN 1982). In der aktuellen Studie wurden keine Querschnittspräparate angefertigt. In Übereinstimmung mit anderen Autoren (TATARNIUK et al. 2009) zeigte sich während der Vorversuchsphase, dass am makroskopischen Präparat zur Darstellung des Eintritts in das Kanalsystem sowie dessen Austritts in die NNH, die gezielte Präparation von medial und lateral sowie rostral und kaudal die beste Darstellung ermöglicht. Beim Erstellen von makroskopischen Transversalschnitten würden zu viele Details über den Verlauf des Kanalsystems verloren gehen. Eine räumliche Orientierung hinsichtlich des Verlaufs der Strukturen wäre nicht mehr gegeben, bzw. nur noch sehr eingeschränkt möglich. Die Archivierung der Präparate erfolgte in Peter'scher Lösung, wodurch eine Flexibilität der Lamellen gewährleistet war und die Schleimhaut intakt blieb. Durch das Einführen von flexiblen Sonden, konnte der Verlauf und die Durchgängigkeit des Kanalsystems überprüft werden, ohne die feinen knochengestützten Schleimhautlamellen zu zerstören. Dieses Vorgehen ermöglichte es auch solche Abschnitte des luftleitenden Kanalsystems zu identifizieren, in denen das Lumen durch Aneinanderlagerung der schleimhautbedeckten Wände verborgen war. Die so durchgeführten makroskopischen Präparationen waren essentiell zur anatomisch korrekten Interpretation und Verifizierung der CT-Datensätze.

6.4 Rekonstruktion der CT-Schnittbildserien

Die 3D-Rekonstruktion von CT-Datensätzen ermöglicht eine exzellente räumliche Darstellung anatomisch komplexer Strukturen (NÖLLER et al. 2004). Diese Aussage wird durch die vorliegende Studie bekräftigt. Sowohl hinsichtlich der Ausbildung eines vorderen und hinteren NNH-Systems wie auch hinsichtlich des Verlaufs der sinunasalen Kommunikationswege ermöglicht die 3D-Rekonstruktion durch Segmentierung völlig neue Einblicke in klinisch relevante anatomische Strukturen. Für die Segmentierung und das VR der CT-Datensätze wurde in der vorliegenden Studie die Visualisierungssoftware Amira 5.3.3® (Visage Imaging, Berlin, Deutschland) genutzt, welche auch in zahlreichen humanmedizinischen Studien zur Darstellung der NNH verwendet wurde (MORAL et al. 2007; TINGELHOFF et al. 2007; TINGELHOFF et al. 2008; PIRNER et al. 2009). Nach einer entsprechenden Einarbeitungsphase gestaltet sich die Nutzung dieser Software als sehr benutzerfreundlich und intuitiv. Für die Erstellung der 3D-Modelle waren alle erforderlichen Funktionen in der Software implementiert. Durch die Vielzahl an Funktionen, die in der Software hinterlegt sind, ist dieses Programm eine Art Multifunktionswerkzeug zum Nachbearbeiten von medizinischen Bildmaterial. Die 3D-Rekonstruktion des sinunasalen Kanalsystems entstand ausschließlich durch manuelle Segmentierung, wohingegen die Darstellung der NNH durch semi-automatische Segmentierung erfolgte. Dieses Vorgehen wurde dadurch bedingt, dass das Kanalsystem in seinen Ausmaßen und seinen Begrenzungen sehr filigran ist, sodass eine bestmögliche Darstellung ausschließlich durch manuelles Einzeichnen gegeben war. Ein sicheres automatisches Erkennen der feinen, spaltartigen Zugänge durch den Computer war nicht möglich und hätte im erheblichen Maße zu einer fehlerhaften Darstellung geführt. Im Gegensatz dazu handelt es sich bei den equinen NNH um vergleichsweise große, gut abgegrenzte luftgefüllte Räume, die von der Software ohne Probleme erkannt und definiert werden konnten. In der Humanmedizin gilt die semi-automatische Segmentierung zur Darstellung der NNH als äquivalent im Vergleich zur manuellen Segmentierung (TINGELHOFF et al. 2007), erlaubt jedoch eine deutliche Zeitersparnis für den

Anwender. Bedingt durch diese Erkenntnisse erfolgte die Darstellung der NNH durch semi-automatische Segmentierung. Der Zeitaufwand für beide Segmentierungsverfahren gemeinsam lag dennoch bei zehn bis 15 Stunden pro Datensatz. Die Segmentierungsergebnisse der NNH wurden mit Hilfe einer Oberflächenglättung visualisiert, wohingegen das Kanalsystem nicht in der Oberfläche geglättet wurde. Durch die Oberflächenglättung werden sog. Subvoxel erstellt, sodass die Oberfläche natürlich glatt erscheint (TINGELHOFF et al. 2007). Dies kann in einem gewissen Maße zu einem Verlust an Details führen. Im Bereich der NNH war kein Detailverlust zu bemerken. Dies lag vermutlich an dem großen Volumen dieser Areale. Dagegen wurden im Bereich des Kanalsystems im hohen Maße Artefakte, wie beispielsweise Löcher, sichtbar, wenn die Oberflächen geglättet wurden. Um möglichst realistische 3D-Modelle zu erzeugen, wurde daher an dieser Stelle auf eine Oberflächenglättung verzichtet. Die volumetrische Vermessung ist unbeeinflusst von jeglicher Art der Oberflächendarstellung, die sie unmittelbar im Anschluss an die Segmentierung erfolgt. Durch Oberflächenglättung erstellte Subvoxel finden somit keine Berücksichtigung in der Berechnung der Volumina.
Die knöchernen Strukturen des Kopfes sowie die Zähne wurden durch ein vollautomatisches VR dargestellt. Eine Methodik, die in jeder CT-Software implementiert ist und zu einer im Vergleich einfachen und schnellen Darstellung der Bilddaten führt. Im Gegensatz zur Segmentierung basiert diese Darstellungsmethode einzig und alleine auf den HU-Einheiten (KALENDER 2006). „Anatomisches Wissen“ zur differenzierten Darstellung einzelner Strukturen ist - verständlicher Weise - nicht in der Software hinterlegt. Dementsprechend müssen automatisierte VR-Darstellungen stets mit großer Vorsicht interpretiert werden.

6.5 Vergleichende Darstellung intra vitam und post mortem

Durch die Erstellung zweier CT-Datensätze desselben Pferdes zu unterschiedlichen Zeitpunkten, zum einen intra vitam und zum anderen post mortem, sowie durch unterschiedliche Lagerungen konnten postmortale und lagerungsbedingte Artefakte überprüft werden. Dem Autor ist keine Beschreibung in der Literatur bekannt, in der eine Fusion zweier derartiger Datensätze mit der beschriebenen Fragestellung durchgeführt wurde. Im Vergleich zum postmortal erstellten Datensatz ist die deutliche Anschwellung der Schleimhäute in den Nasengängen intra vitam auffällig. Dieses Phänomen des Anschwellens der Schleimhäute in Allgemeinanästhesie ist in der Literatur bei Lagerung der equinen Patienten in Rückenlage beschrieben (LUKASIK et al. 1997). Hierfür wird ein erhöhter hydrostatischer Druck in der nasalen Schleimhaut in Kombination mit einer geringeren venösen Drainage, bedingt durch Lagerung des Kopfes unterhalb der Herzbasis, verantwortlich gemacht. Das Ziel der vorliegenden Studie war nicht die volumetrische Vermessung der Nasengänge. Da die Grenzen der NNH sowie die Lage und das Ausmaß des sinunasalen Kanalsystems in beiden Datensätzen (post mortem und intra vitam) übereinstimmten, ist die Nutzung von Köpfen euthanasierter Pferde zur Darstellung der anatomisch-physiologischen Verhältnisse der NNH sowie der sinunasalen Kommunikationswege ohne Detailverlust möglich. Das Auffinden von Flüssigkeitsansammlungen in den NNH im post mortem Datensatz wird in Übereinstimmung mit MORROW et al. (2000) als postmortaler Artefakt gewertet, der nicht mit einer NNH-Erkrankung im Zusammenhang steht. Bedingt durch dieses Wissen wurden Flüssigkeiten in den einzelnen NNH bei den klinisch gesunden Pferden dem Volumen des jeweiligen NNH-Kompartiments zugerechnet und entsprechend durch manuelle Korrektur segmentiert. Dieses Vorgehen erfolgte auch in Übereinstimmung mit humanmedizinischen Arbeiten (MORAL et al. 2007).

6.6 Untersuchung der NNH und der Zugänge in die NNH adulter Pferde

Eine ausführliche Diskussion dieser Thematik findet in den Abschnitten 4.5 und 5.5 statt.

Die erstellten 3D-Modelle zeigen die individuelle Ausbildung der equinen NNH sowie die Ausbildung eines sinunasalen Kanalsystems, welches die Nasenhöhle mit den NNH verbindet. Das angewendete Verfahren bietet einige Vorteile im Vergleich zu der Erstellung klassischer Ausgusspräparate. In Übereinstimmung mit QIU et al. (2003) zeigte sich, dass bedingt durch die Möglichkeit einzelne Strukturen auszublenden, bzw. die Transparenz zu verändern, eine besseres räumliches Verständnis hinsichtlich der Lage der NNH-Kompartimente zueinander geschaffen werden kann. Der individuell unterschiedliche Verlauf des Septum sinuum maxillarium, welches die NNH in zwei vollständig voneinander getrennte NNH-Systeme unterteilt, wird sichtbar. In der Humanmedizin gilt die volumetrische Vermessung der NNH als ein wichtiger Faktor zur Beurteilung dieser Struktur, durch die Ermittlung von Standardvolumina der NNH eines erwachsenen Menschen

(KAWARAI et al. 1999; PARK et al. 2010). Die in dieser Studie genutzte Methodik ermöglichte eine nicht-invasive volumetrische Vermessung der equinen NNH. Die Aussage anderer Autoren (TAYLOR 1955; NICKEL u. WILKENS 1958), dass die Entwicklung der NNH bei Pferden gleichen Alters individuell unterschiedlich und nur in geringem Maße altersabhängig ist, konnte durch das vorliegende Datenmaterial bestätigt werden.

Im Gegensatz zu klassischen Ausgussmethoden der NNH, bei denen die sinunasalen Kommunikationswege verlegt wurden, um den Abfluss der Plastoidmasse zu verhindern (NICKEL u. WILKENS 1958), ermöglicht die Erstellung virtueller Ausgusspräparate die effektive Darstellung dieser Kommunikationswege. In zahlreichen Studien am makroskopischen Präparat (NICKEL u. WILKENS 1958; COOK 1966a; PERKINS 2002; TATARNIUK et al. 2009) oder im CT-Schnittbild (PROBST et al. 2005) wurde versucht dem Leser die Ausbildung des sinunasalen Kanalsystems zu erklären. Ein Verständnis dieser Beschreibungen setzt in erheblichem Maße ein räumliches Vorstellungsvermögen des Lesers voraus. In der vorliegenden Studie wird durch die Erstellung der 3D-Modelle dieses Verständnis deutlich erleichtert, da die NNH und deren Kommunikationswege farblich visualisiert werden.

In der vorliegenden Studie wurde die A. n. als Öffnung in ein sich anschließendes Kanalsystem definiert, welches einen Zugang in ein vorderes und hinteres NNH-System vermittelt. Andere Autoren (DYCE et al. 1991; PERKINS 2002; WAIBL 2004; BUDRAS u. RÖCK 2009; TATARNIUK et al. 2009) beschreiben die A .n. als einen gemeinsamen Zugang in die equinen NNH. Das vorgefundene Kanalsystem zeigte ein typisches Verzweigungsmuster. Zunächst einheitlich an der A. n. im mittleren Nasengang beginnend, verzweigte es sich im Folgenden in zwei separate Äste, die mit dem rostralen, bzw. dem kaudalen NNH-System in Verbindung standen. Im Gegensatz zu anderen Autoren (ACKERKNECHT 1943; PROBST et al. 2005) konnte immer eine Verbindung zum vorderen NNH-System aufgefunden werden. Hier zeigt sich der Vorteil der Nutzung hochaufgelöster CT-Schnittbilder mit geringer Schichtdicke, um diese Details darstellen zu können. Ein weiterer Vorteil zeigte sich in der kombinierten Methodik: makroskopische Präparation und nachfolgende Interpretation der CT-Schnittbildserien. Die während der makroskopischen Präparation gewonnen Erkenntnisse hinsichtlich des Verlaufs des Kanalsystems flossen in die Interpretation der CT-Schnittbildserien ein. Dies erwies sich insbesondere dann als sehr vorteilhaft, wenn das Lumen der filigranen luftleitenden Kanäle im CT-Schnittbild nur schwer erkennbar war.

7 Zusammenfassung

Markus Brinkschulte (2012):

Morphologische Untersuchung der Apertura nasomaxillaris des Pferdes sowie deren Verzweigung in die Nasennebenhöhlen unter Anwendung dreidimensionaler Rekonstruktion computertomographischer Schnittbildserien

Die anatomischen Verhältnisse der equinen Nasennebenhöhlen sind komplex und das Verständnis hinsichtlich der Ausbildung der Kommunikationswege zwischen der Nasenhöhle und den Nasennebenhöhlen verlangt ein gutes räumliches Vorstellungsvermögen. Durch die Erstellung virtueller Ausgusspräparate der Nasennebenhöhlen und der sinunasalen Kommunikationswege konnten diese komplexen Strukturen anschaulich dargestellt werden.

In der vorliegenden Arbeit erfolgt eine detaillierte Beschreibung des Zugangs in die Nasennebenhöhlen beim Pferd. Erstmalig entstand eine dreidimensionale Darstellung der sinunasalen Kommunikationswege unter Anwendung der Segmentierung. Hierzu wurden in einem Visualisierungsprogramm in jedem Transversalschnitt die einzelnen Voxel den NNH-Kompartimenten bzw. dem Gangsystem der Apertura nasomaxillaris zugeordnet, wodurch virtuelle Ausgusspräparate entstanden. Es wurden Kopfpräparate von 19 adulten Pferden spätestens 24h nach Euthanasie computertomographisch untersucht und anschließend dreidimensional visualisiert. Die Pferde wurden aufgrund von Erkrankungen außerhalb des Kopfbereichs euthanasiert. Bei allen 19 adulten Pferden erfolgte eine makroskopische Präparation der Nasennebenhöhlen und des sinunasalen Kanalsystems. Die dreidimensionalen Modelle wurden zur volumetrischen Vermessung der Nasennebenhöhlen sowie des Zugangs in die Nasennebenhöhlen genutzt. Die Kopfgröße wurde im zweidimensionalen Schnittbild vermessen. Bei allen untersuchten Kopfpräparaten wurden sieben paarige Nasennebenhöhlen-Kompartimente dargestellt, die beidseits jeweils durch das Septum sinuum maxillarium in ein vorderes und ein hinteres Nasennebenhöhlen-System unterteilt waren. Das vordere Nasennebenhöhlen-System beinhaltete den Sinus maxillaris rostralis und den Sinus conchae ventralis, wohingegen das hintere Nasennebenhöhlen-System den Sinus maxillaris caudalis, den Sinus conchae dorsalis, den Sinus frontalis, den Sinus sphenopalatinus und den Sinus conchae mediae umfasste. Es waren keine statistisch signifikanten Unterschiede des Nasennebenhöhlen-Volumens im kontralateralen Seitenvergleich auffindbar. Dennoch zeigten die erstellten dreidimensionalen Modelle im kontralateralen Seitenvergleich bei sieben der 19 untersuchten adulten Pferde teilweise deutliche Unterschiede im Verlauf des Septum sinuum maxillarium, was zu einer unterschiedlich starken Überlappung des vorderen und hinteren Nasennebenhöhlen-Systems führte. Ein statistischer Zusammenhang zwischen Alter, Kopfgröße und Nasennebenhöhlen-Volumen konnte nicht aufgezeigt werden. Ausgehend von der Apertura nasomaxillaris im mittleren Nasengang wurde ein Kanalsystem identifiziert, dass sich durch die vorliegende Untersuchung wie folgt beschreiben und nomenklatorisch erfassen lässt: der an der Apertura nasomaxillaris zunächst einheitlich beginnende Kanal (*Canalis sinunasalis communis*), öffnet sich im weiteren Verlauf einerseits nach lateral in den Sinus maxillaris rostralis und/oder Sinus conchae ventralis (*Canalis sinunasalis rostralis*) und andererseits nach kaudolateral in den Sinus maxillaris caudalis (*Canalis sinunasalis caudalis*). Mit Hilfe der dreidimensionalen-Rekonstruktionen wird die Beziehung der Apertura nasomaxillaris und des sich anschließenden Kanalsystems zu einem vorderen und hinteren Nasennebenhöhlen-System sichtbar.

Erstmalig erfolgt in dieser Arbeit eine dreidimensionale Darstellung des sich an die Apertura nasomaxillaris anschließenden Kanalsystems. Diese Darstellung dient zum besseren Verständnis klinisch relevanter anatomischer Strukturen. Die in Ergänzung zur bestehenden Nomenklatur vorgeschlagenen Termini ermöglichen eine präzise Ansprache einzelner Abschnitte des sinunasalen Kanalsystems. Die erstellten dreidimensionalen Modelle können im Rahmen der tierärztlichen Ausbildung Anwendung finden. Darüber hinaus erlauben diese Modelle virtuelle Simulationen, um neue transnasale, minimal-invasive Verfahren und chirurgische Instrumente zu entwickeln. Die vorgestellte Methodik kann zu einem neuartigen Verständnis pathologischer Veränderungen im Nasennebenhöhlen-Bereich des Pferdes führen.

8 Summary

Markus Brinkschulte (2012):

Morphologic examination of the equine nasomaxillary aperture and the ramification into the paranasal sinuses by use of three-dimensional computed tomography imaging

The anatomy of equine paranasal sinuses is complicated. Spatial sense is needed to understand the pathways between the nasal cavity and paranasal sinuses. By generating virtual casting models of the equine paranasal sinuses and sinunasal channels, these complex structures were visualized.

The aim of the study was to give a detailed description of the equine sinunasal channels. It is the first time that three-dimensional reconstructions of the sinunasal channels were acquired by use of segmentation. Transversal CT-slices were opened in Amira 5.3.3® (Visage Imaging, Berlin, Germany). Virtual models were built by sorting voxels to the corresponding sinus compartments or to the sinunasal channel. Heads of 19 adult horses were used to acquire CT-datasets und reconstruct three-dimensional models. The horses were euthanized for reasons unrelated to the head. None of the horses had a known history or, at the time of death, clinical signs of paranasal sinus disease. Macroscopic preparation was performed after image acquisition. The generated three-dimensional models were used for volumetric measurements of the paranasal sinuses and sinunasal channels. The size of the head was measured in the CT-slices. In all heads the existence of seven compartments was seen, which existed bilaterally. Through the maxillary septum, they were divided into a rostral (rostral maxillary sinus and ventral conchal sinus) and a caudal (caudal maxillary sinus, dorsal conchal sinus, frontal sinus, sphenopalatine sinus, middle conchal sinus) sinus system. There were no statistically significant differences in the volume of the paranasal sinuses comparing the left and the right side. Whereas, in seven of the 19 horses the oblique orientation of the maxillary septum showed obvious differences comparing the left and the right side, which could be seen by visualizing the three-dimensional models. Statistical analysis of the adult horses showed no statistical relations between age, head size and paranasal sinus volume. The generated 3-D models of the communication ways between the nasal cavity and the paranasal sinuses showed a typically configuration and ramification into the paranasal sinuses. The communication ways started medial at the nasomaxillary aperture (Apertura nasomaxillaris) located in the middle nasal meatus (Metus nasi medius) as a common channel (*Canalis sinunasalis communis*). In the following, a ramification into a rostral channel (*Canalis sinunasalis rostralis*) and a caudo-lateral channel (*Canalis sinunasalis caudalis*) could be seen. The rostral sinunasal channel (*Canalis sinunasalis rostralis*) was in communication with the rostral sinus system. Whereas, the caudal channel *(Canalis sinunasalis caudalis*) was connected to the caudal maxillary sinus.

It is the first time that three-dimensional reconstructions of the nasomaxillary aperture and the sinunasal channels are performed. The generated three-dimensional models give an excellent spatial impression of these complex anatomical structures. The suggested terms complete the existing nomenclature and contribute to a clear address of the respective part of the channel system, which is essential for diagnosis and further minimal-invasive treatment methods. These models can be used for educational purposes. Furthermore, these models allow virtual simulations to generate new transnasal, minimal-invasive surgical approaches and instruments. The described method can contribute to a new understanding of paranasal sinus disease.

9 Literaturverzeichnis

ACKERKNECHT, E. (1943):
Die Atmungsorgane des Pferdes.
In: O. ZIETZSCHMANN, E. ACKERKNECHT und H. GRAU
Ellenberger/Baum: Handbuch der vergleichenden Anatomie der Haustiere
18. Aufl., Springer, Berlin, S. 480-497

APELT, D., B. PREIM, H. K. HAHN u. G. STRAUß (2004):
Bildanalyse und Visualisierung für die Planung von Nasennebenhöhlen - Operationen.
In: H.-P. MEINZER, H. HANDELS, A. HORSCH und T. TOLXDORFF
Bildverarbeitung für die Medizin 2005
Springer, Berlin, S. 93-97

ARENCIBIA, A., J. M. VAZQUEZ, R. JABER, F. GIL, J. A. RAMIREZ, M. RIVERO, N. GONZALEZ u. E. R. WISNER (2000):
Magnetic resonance imaging and cross sectional anatomy of the normal equine sinuses and nasal passages.
Vet Radiol Ultrasound 41, 313-319

AUST, R. u. B. DRETTNER (1974):
The functional size of the human maxillary ostium in vivo.
Acta Otolaryngol 78, 432-435

AUST, R., B. DRETTNER u. A. HEMMINGSSON (1976):
Elimination of contrast medium from the maxillary sinus.
Acta Otolaryngol 81, 468-474

BAKER, G. J. u. J. EASLEY (2007):
Zahnheilkunde in der Pferdepraxis.
2. Auflg., Elsevier, München

BARAKZAI, S. (2004):
The equine paranasal sinuses Part 1: Anatomy.
UK VET Volume 9 No 8 November 2004, 5-8

BARAKZAI, S. (2005):
The equine paranasal sinuses Part 2: Radiography of the equine paranasal sinuses.
UK VET Volume 10 No 1 January 2005, 5-9

BARAKZAI, S. (2007):
Scintigraphy of the Equine Upper Respiratory Tract.
In: B. C. MC GORUM, P. M. DIXON, N. E. ROBINSON und J. SCHUMACHER
Equine Respiratory Medicine and Surgery
1st ed., Saunders, Elsevier, Philadelphia, S. 185-192

BARAKZAI, S. u. J. PERKINS (2005):
The equine paranasal sinuses Part 3.
UK VET Volume 10 No 2 March 2005, 5-11

BARAKZAI, S., H. TREMAINE u. P. DIXON (2006):
Use of scintigraphy for diagnosis of equine paranasal sinus disorders.
Vet Surg 35, 94-101

BARBEE, D. D., J. R. ALLEN u. P. R. GAVIN (1987):
Computed Tomography in horses.
Veterinary Radiology 28, 144-151

BEARD, W. u. J. HARDY (2001):
Diagnosis of conditions of the paranasal sinuses in the horse.
Equine Vet Educ 13, 265-273

BELL, B. T., G. J. BAKER, L. C. ABBOTT, J. H. FOREMAN u. S. K. KNELLER (1995):
The macroscopic vascular anatomy of the equine ethmoidal area.
Anat Histol Embryol 24, 39-45

BELL, C., D. TATARNIUK u. J. CARMALT (2009):
Endoscope-guided balloon sinuplasty of the equine nasomaxillary opening.
Vet Surg 38, 791-797

BIENERT, A. (2002)
Digitalradiographische, computertomographische und mikrobiologische Untersuchungen bei Backenzahnerkrankungen des Pferdes.
Hannover, Stiftung Tierärztl. Hochschule, Klinik f. Pferde, Diss.

BÖHME, G. (2004):
Nervensystem.
In: R. NICKEL, A. SCHUMMER und E. SEIFERLE
Lehrbuch der Anatomie der Haustiere
4., unververänderte Aufl., Parey, Berlin, S. 2-387

BOLGER, W. E., C. L. BROWN, C. A. CHURCH, A. N. GOLDBERG, B. KARANFILOV, F. A. KUHN, H. L. LEVINE, M. J. SILLERS, W. C. VAUGHAN u. R. L. WEISS (2007):
Safety and outcomes of balloon catheter sinusotomy: a multicenter 24-week analysis in 115 patients.
Otolaryngol Head Neck Surg 137, 10-20

BOLGER, W. E., C. A. BUTZIN u. D. S. PARSONS (1991):
Paranasal sinus bony anatomic variations and mucosal abnormalities: CT analysis for endoscopic sinus surgery.
Laryngoscope 101, 56-64

BUDRAS, K. D. u. S. RÖCK (2009):
Atlas der Anatomie des Pferdes.
6. Aufl., Schlütersche, Hannover

CARON, J. P. (1999):
Diseases of the nasal cavity and paranasal sinuses.
In: P. T. COLAHAN, A. M. MERRITT, J. MOORE, N. und I. G. MAYHEW
Equine medicine and surgery
5th ed., Mosby Elsevier, St. Louis, Missouri, S. 480-490

CHAN, C. u. G. MUNROE (1995):
Endoscopic examination of the equine paranasal sinuses.
In Pract 17, 419-422

COHNEN, M. (2010):
Radiologische Diagnostik der Nasennebenhöhlen.
Der Radiologe 3, 277-294

COOK, W. R. (1966a):
Clinical observations on the anatomy and physiology of the equine upper respiratory tract.
Vet Rec 79, 440-446

COOK, W. R. (1966b):
Sinusitis, paranasal.
In: T. DALLING, A. ROBERTSON, G. F. BODDIE und J. S. A. SPRUELL
International encyclopedia of veterinary medicine, S. 2689-2698

DE ZANI, D., S. BORGONOVO, M. BIGGI, S. VIGNATI, M. SCANDELLA, S. LAZZARETTI, S. MODINA u. D. ZANI (2010):
Topographic comparative study of paranasal sinuses in adult horses by computed tomography, sinuscopy, and sectional anatomy.
Vet Res Commun 34 Suppl 1, 13-16

DIXON, P. M. u. J. M. O'LEARY (2012):
A review of equine paranasal sinusitis: medical and surgical treatments.
Equine Veterinary Education 24, 143-158

DIXON, P. M., T. D. PARKIN, N. COLLINS, C. HAWKES, N. TOWNSEND, W. H. TREMAINE, G. FISHER, R. EALEY u. S. Z. BARAKZAI (2012):
Equine paranasal sinus disease: a long-term study of 200 cases (1997-2009): ancillary diagnostic findings and involvement of the various sinus compartments.
Equine Vet J 44, 267-271

DYCE, K. M., W. O. SACK u. C. J. G. WENSING (1991):
Anatomie der Haustiere.
Enke, Stuttgart

EUROPEAN COMMISSION (1999):
European guidelines on quality criteria for computed tomography Report EUR 16262, European Commission, Brussels

FATTERPEKAR, G. M., B. N. DELMAN u. P. M. SOM (2008):
Imaging the paranasal sinuses: where we are and where we are going.
Anat Rec (Hoboken) 291, 1564-1572

FEIGE, K., U. GEISSBÜHLER, A. FÜRST, F. EHRAT u. C. SCHWARZWALD (2000):
Sinusitis beim Pferd: Eine retrospektive Untersuchung anhand von 55 Fällen.
Pferdeheilkunde 16, 495-501

GIBBS, C. u. J. HART (1992):
Radiographic evaluation of nasal and paranasal sinus disease.
Equine Veterinary Education 4, 13-19

GRAU, H. (1943):
Der Kreislaufapparat.
In: O. ZIETZSCHMANN, E. ACKERKNECHT und H. GRAU
Ellenberger/Baum: Handbuch der vergleichenden Anatomie der Haustiere
18. Aufl., Springer, Berlin, S. 588-808

GREESS, H., M. LELL, W. ROMER u. W. BAUTZ (2002):
Indikation und Aussagekraft von CT und MRT im Kopf - Hals - Bereich.
HNO 50, 611-625

HARPS, O., B. OHNESORGE u. E. DEEGEN (1996):
Transendoskopische Fensterung der ventralen Nasenmuschel zur Therapie der primären Sinusitis beim Pferd - Ein Fallbericht.
Pferdeheilkunde 12, 99-104

HENNINGER, W., E. M. FRAME, M. WILLMANN, H. SIMHOFER, D. MALLECZEK, S. M. KNEISSL u. E. MAYRHOFER (2003):
CT features of alveolitis and sinusitis in horses.
Vet Radiol Ultrasound 44, 269-276

HESSER, J. u. R. MÄNNER (1997):
Realistische Reisen durch den menschlichen Körper sind jetzt möglich.
Spektrum der Wissenschaft 6, 121-124

HILLMANN, D. J. (1975):
Skull.
In: R. GETTY
The Anatomy of the Domestic Animals
5th ed., Saunders, Philadelphia, S. 318-346

HOFMANN, E. (2005):
Anatomie der Nase und der Nasennebenhöhlen im sagittalen Computertomogramm.
Clinical Neuroradiology 15, 258-264

HOUNSFIELD, G. N. (1973):
Computerized transverse axial scanning (tomography): Part I. Description of system.
Br J Radiol 68, H166-172

ILLIG, H. (1910)
Über den histologischen Aufbau der Schleimhaut der Nebenhöhlen der Nase bei den Haussäugetieren.
Stuttgart, K. Tierärztl. Hochsch., Diss.

JENDRYSIAK, U. (1997):
Segementierung von Schnittbildern.
Spektrum der Wissenschaft 6, 107-112

KALENDER, W. A. (2006):
Computertomographie.
Publicis Corporate Publishing, Erlangen

KANTARCI, M., R. M. KARASEN, F. ALPER, O. ONBAS, A. OKUR u. A. KARAMAN (2004):
Remarkable anatomic variations in paranasal sinus region and their clinical importance.
Eur J Radiol 50, 296-302

KAWARAI, Y., K. FUKUSHIMA, T. OGAWA, K. NISHIZAKI, M. GUNDUZ, M. FUJIMOTO u. Y. MASUDA (1999):
Volume quantification of healthy paranasal cavity by three-dimensional CT imaging.
Acta Otolaryngol Suppl 540, 45-49

KENNEDY, D. W. (2006):
Technical innovations and the evolution of endoscopic sinus surgery.
Ann Otol Rhinol Laryngol Suppl 196, 3-12

KIM, H. J., H. R. YOON, K. D. KIM, M. K. KANG, H. H. KWAK, H. D. PARK, S. H. HAN u. C. S. PARK (2003):
Personal-computer-based three-dimensional reconstruction and simulation of maxillary sinus.
Surg Radiol Anat 24, 393-399

KÖNIG, H. E. u. H. G. LIEBICH (2012):
Atmungsapparat (Apparatus respiratorius).
In: H. E. KÖNIG und H. G. LIEBICH
Anatomie der Haussäugetiere
Schattauer, Stuttgart, S. 367-388

KÖNIG, H. E., P. SOTONYI, J. RUBERTE u. H. G. LIEBICH (2012):
Verdauungsapparat (Apparatus digestorius).
In: H. E. KÖNIG und H. G. LIEBICH
Anatomie der Haussäugetiere
Schattauer, Stuttgart, S. 302-324

KRAFT, S. L. u. P. GAVIN (2001):
Physical principles and technical considerations for equine computed tomography and magnetic resonance imaging.
Vet Clin North Am Equine Pract 17, 115-130, vii

LAINE, F. J. u. W. R. SMOKER (1992):
The ostiomeatal unit and endoscopic surgery: anatomy, variations, and imaging findings in inflammatory diseases.
AJR Am J Roentgenol 159, 849-857

LANE, J. G. (1993a):
The management of sinus disorders of horses - Part 1.
Equine Veterinary Education 5, 5-9

LANE, J. G. (1993b):
The management of sinus disorders of horses - Part 2.
Equine Veterinary Education 5, 69-73

LANE, J. G., J. A. LONGSTAFFE u. C. GIBBS (1987):
Equine paranasal sinus cysts: a report of 15 cases.
Equine Vet J 19, 537-544

LATORRE, R. u. M. J. RODRIGUEZ (2007):
In search of clinical truths: equine and comparative studies of anatomy.
Equine Vet J 39, 263-268

LAVERTY, S. u. J. R. PASCOE (1997):
Sinusitis.
In: N. E. ROBINSON
Current Therapy In Equine Medicine
4th ed., Saunders, St. Louis, Missouri, S. 419-421

LIEBICH, H. G. (2004):
Atmungsapparat (Apparatus respiratorius).
In: H. G. LIEBICH
Funktionelle Histologie der Haussäugetiere
4. Auflg., Schattauer, Stuttgart, S. 239-254

LIEBICH, H. G. u. H. E. KÖNIG (2012):
Skelett des Stammes (Skeleton axiale).
In: H. E. KÖNIG und H. G. LIEBICH
Anatomie der Haussäugetiere
Schattauer, Stuttgart, S. 47-108

LUKASIK, V. M., R. D. GLEED, J. M. SCARLETT, J. W. LUDDERS, P. F. MOON, J. L. BALLENSTEDT u. A. T. STURMER (1997):
Intranasal phenylephrine reduces post anesthetic upper airway obstruction in horses.
Equine Vet J 29, 236-238

MACK, M. G. (2007):
Bildgebung bei entzündlichen Erkrankungen der Nasennebenhohlen.
Der Radiologe 47, 606-612

MAMATHA, H., N. M. SHAMASUNDAR, M. B. BHARATHI u. L. C. PRASANNA (2010):
Variations of ostiomeatal complex and its applied anatomy: a CT scan study.
Indian Journal of Science and Technology 3, 904-907

MARU, Y. u. V. GUPTA (2001):
Anatomic variations of the bone in sinonasal C.T.
Indian Journal of Otolaryngology and Head & Neck Surgery 53, 123-128

MAYRHOFER, E. u. W. HENNINGER (1995):
Computertomographie in der Veterinärmedizin.
Veterinärspiegel 1, 14-22

MESSERKLINGER, W. (1966):
Über die Drainage der menschlichen Nasennebenhöhlen unter normalen und pathologischen Bedingungen. 1. Mitteilung.
Monatsschr Ohrenheilkd Laryngorhinol 100, 56-68

MESSERKLINGER, W. (1967):
Über die Drainage der menschlichen Nasennebenhöhlen unter normalen und pathologischen Bedingungen. 2. Mitteilung: Die Stirnhöhle und ihr Ausführungssystem.
Monatsschr Ohrenheilkd Laryngorhinol 101, 313-326

MORAL, A. I., M. E. KUNKEL, K. TINGELHOFF, M. RILK, I. WAGNER, K. G. EICHHORN, F. BOOTZ u. F. M. WAHL (2007):
3D endoscopic approach for endonasal sinus surgery.
Conf Proc IEEE Eng Med Biol Soc 2007, 4683-4686

MORROW, K. L., R. D. PARK, T. L. SPURGEON, T. S. STASHAK u. B. ARCENEAUX (2000):
Computed tomographic imaging of the equine head.
Vet Radiol Ultrasound 41, 491-497

NAV (2005):
Nomina Anatomica Veterinaria.
International Committee on Veterinary Gross Anatomical Nomenclature Hannover, Columbia, Gent, Sapporo

NICKEL, R., A. SCHUMMER, K.-H. WILLE u. H. WILKENS (2004):
Knochenlehre, Osteologia.
In: R. NICKEL, A. SCHUMMER und E. SEIFERLE
Lehrbuch der Anatomie der Haustiere
8., unveränderte Aufl., Parey, Berlin, S. 15-214

NICKEL, R. u. H. WILKENS (1958):
Zur Topographie der Nasenhöhle und der Nasennebenhöhlen beim Pferd.
Deutsche Tierärztliche Wochenschrift Nr. 7, 173-180

NICKELS, F. A. (2011):
Nasal passages and paranasal sinuses.
In: J. A. AUER und J. A. STICK
Equine Surgery
4th ed., Elsevier, Saunders, St. Louis, Missouri, S. 557-568

NÖLLER, C. (2006):
Klinisch-funktionelle Anatomie und computertomographische Darstellung der Nase bein normo- und brachyzephalen Katzen.
Berlin, Freie Univ., Fachber. Veterinärmed., Diss.

NÖLLER, C. u. K. D. BUDRAS (2009):
Nase mit Nasenhöhle, Mundhöhle mit Zunge.
In: K. D. BUDRAS und S. RÖCK
Atlas der Anatomie des Pferdes
6. Aufl., Schlütersche, Hannover, S. 44-45

NÖLLER, C., W. HENNINGER, D. GRÖNEMEYER u. K.-D. BUDRAS (2004):
3D-Reconstructions: new application fields in modern veterinary anatomy.
Abstracts of the XXVth Congress of the European Association of Veterinary Anatomists (EAVA) 38

NÖLLER, C., M. NOWAK, J. HAMANN, G. FRITSCH u. K. BUDRAS (2007):
Klinische Anatomie der Nasen- und Nasennebenhöhlen des Pferdes - Grundlagen für die Endoskopie, Computertomographie
und Chirurgie.
Pferdeheilkunde 23, 47-58

O'LEARY, J. M. u. P. M. DIXON (2011):
A review of equine paranasal sinusitis. Aetiopathogenesis, clinical signs and ancillary diagnostic techniques.
Equine Veterinary Education 23, 148-159

OHNESORGE B. (2003):
Minimalinvasive Therapieverfahren bei Erkrankungen der oberen Atemwege des Pferdes.
Hannover, Stiftung Tierärztl. Hochschule, Klinik f. Pferde, Habil.

ÖNERCI, M. u. T. ARAS (1995):
The effect of a new ostium and sinus mucosal flaps on mucociliary flow of the maxillary sinus.
Rhinology 33, 144-147

PARENTE, E. J., S. H. FRANKLIN, F. J. DERKSEN, M. A. WEISHAUPT, H. J. CHALMERS u. C. TESSIER (2011):
Diagnostic techniques in equine upper respiratory tract disease.
In: J. A. AUER und J. A. STICK
Equine Surgery
4th ed., Elsevier, Saunders, St. Louis, Missouri, S. 536 - 556

PARK, I. H., J. S. SONG, H. CHOI, T. H. KIM, S. HOON, S. H. LEE u. H. M. LEE (2010):
Volumetric study in the development of paranasal sinuses by CT imaging in Asian: a pilot study.
Int J Pediatr Otorhinolaryngol 74, 1347-1350

PERKINS, J. u. S. BARAKZAI (2005):
The equine paranasal sinuses Part 4.
UK VET Volume 10 No 5 June 2005, 1-4

PERKINS, J. D. (2002)
Quantitative and qualitative anatomy of the equine maxillary and conchal sinuses, with particular reference to the nasomaxillary aperture.
Edinburgh, University Thesis (M.Sc.).

PERKINS, J. D., C. BENNETT, Z. WINDLEY u. J. SCHUMACHER (2009):
Comparison of sinoscopic techniques for examining the rostral maxillary and ventral conchal sinuses of horses.
Vet Surg 38, 607-612

PHILIPP, M. J. (2007):
Computed Tomography of the Equine Upper Respiratory Tract.
In: B. C. MCGORUM, P. M. DIXON, N. E. ROBINSON und J. SCHUMACHER
Equine Respiratory Medicine and Surgery
1st ed., Saunders Elsevier, Philadelphia, S. 263-270

PHILLIPS, J. E., L. JI, M. A. RIVELLI, R. W. CHAPMAN u. M. R. CORBOZ (2009):
Three-dimensional analysis of rodent paranasal sinus cavities from X-ray computed tomography (CT) scans.
Can J Vet Res 73, 205-211

PIRIE, M., H. M. PIRIE u. N. G. WRIGHT (1990):
A scanning electron microscopic study of the equine upper respiratory tract.
Equine Vet J 22, 333-337

PIRNER, S., K. TINGELHOFF, I. WAGNER, R. WESTPHAL, M. RILK, F. M. WAHL, F. BOOTZ u. K. W. EICHHORN (2009):
CT-based manual segmentation and evaluation of paranasal sinuses.
Eur Arch Otorhinolaryngol 266, 507-518

PROBST, A., W. HENNINGER u. M. WILLMANN (2005):
Communications of normal nasal and paranasal cavities in computed tomography of horses.
Vet Radiol Ultrasound 46, 44-48

QIU, M. G., S. X. ZHANG, Z. J. LIU, L. W. TAN, Y. S. WANG, J. H. DENG u. Z. S. TANG (2003):
Plastination and computerized 3D reconstruction of the temporal bone.
Clin Anat 16, 300-303

QIU, M. G., S. X. ZHANG, Z. J. LIU, L. W. TAN, Y. S. WANG, J. H. DENG u. Z. S. TANG (2004):
Three-dimensional computational reconstruction of lateral skull base with plastinated slices.
Anat Rec A Discov Mol Cell Evol Biol 278, 437-442

RAGLE, C. A., P. KOBLIK, D., J. R. PASCOE u. C. M. HONNAS (1988):
Computed tomography evalutation of the head trauma in a foal.
Veterinary Radiology 29, 206-208
REITH, W. (2005):
Moderne Bildgebung der Nasennebenhöhlen.
Der Radiologe 45, 797-806

ROBINSON, N. E. u. P. W. FURLOW (2007):
Anatomy of the respiratory system.
In: B. C. MCGORUM, P. M. DIXON, N. E. ROBINSON und J. SCHUMACHER
Equine Respiratory Medicine and Surgery
1st ed., Saunders, Elsevier, Philadelphia, S. 3-17

RUGGLES, A. J., M. W. ROSS u. D. E. FREEMAN (1991):
Endoscopic examination of normal paranasal sinuses in horses.
Vet Surg 20, 418-423

RUGGLES, A. J., M. W. ROSS u. D. E. FREEMAN (1993):
Endoscopic examination and treatment of paranasal sinus disease in 16 horses.
Vet Surg 22, 508-514

RUSH, B. u. T. MAIR (2004):
Diseases of the nasal cavity and paranasal sinuses.
In: B. RUSH und T. MAIR
Equine Respiratory Diseases
Blackwell, Oxford, S. 41-55

SALAH, Z., D. BARTZ, F. DAMMANN, E. SCHWADERER, M. MAASSEN u. W. STRAßER (2005):
A fast and accurate approach for the segmentation of the paranasal sinus.
In: H.-P. MEINZER, H. HANDELS, A. HORSCH und T. TOLXDORFF
Bildverarbeitung für die Medizin 2005
Springer, Berlin, S. 93-97

SALOMON, F.-V. (2008a):
Atmungsapparat, Apparatus respiratorius.
In: F.-V. SALOMON, H. GEYER und U. GILLE
Anatomie für die Tiermedizin
Enke, Stuttgart, S. 324 - 367

SALOMON, F.-V. (2008b):
Knöchernes Skelett.
In: F.-V. SALOMON, H. GEYER und U. GILLE
Anatomie für die Tiermedizin
Enke, Stuttgart, S. 37 - 110

SALOMON, F.-V. (2008c):
Verdauungsapparat, Apparatus digestorius.
In: F.-V. SALOMON, H. GEYER und U. GILLE
Anatomie für die Tiermedizin
Enke, Stuttgart, S. 235-323

SCHNORR, B. u. M. KRESSIN (2001):
Embryologie der Haustiere.
4. Auflage, Enke Verlag, Stuttgart

SCHWARZ, T. u. J. SAUNDERS (2011):
Veterinary computed tomography.
1st ed., John Wiley & Sons Ltd., West Sussex

SHI, H., W. SCARFE u. A. FARMAN (2006):
Maxillary sinus 3D segmentation and seconstruction from cone beam CT data sets.
International Journal of Computer Assisted Radiology and Surgery 1, 83-89

SLACK, R. u. G. BATES (1998):
Functional endoscopic sinus surgery.
Am Fam Physician 58, 707-718

SMALLWOOD, J. E., B. C. WOOD, W. E. TAYLOR u. L. P. TATE, JR. (2002):
Anatomic reference for computed tomography of the head of the foal.
Vet Radiol Ultrasound 43, 99-117

SOLANO, M. u. R. S. BRAWER (2004):
CT of the equine head: technical considerations, anatomical guide, and selected diseases.
Clinical Techniques in Equine Practice 3, 374-388

STAMMBERGER, H. (1986a):
Endoscopic endonasal surgery - concepts in treatment of recurring rhinosinusitis. Part I. Anatomic and pathophysiologic considerations.
Otolaryngol Head Neck Surg 94, 143-147

STAMMBERGER, H. (1986b):
Endoscopic endonasal surgery - concepts in treatment of recurring rhinosinusitis. Part II. Surgical technique.
Otolaryngol Head Neck Surg 94, 147-156

STAMMBERGER, H. u. W. POSAWETZ (1990):
Functional endoscopic sinus surgery. Concept, indications and results of the Messerklinger technique.
Eur Arch Otorhinolaryngol 247, 63-76

STANKIEWICZ, J., T. TAMI, T. TRUITT, J. ATKINS, D. LIEPERT u. B. WINEGAR (2009):
Transantral, endoscopically guided balloon dilatation of the ostiomeatal complex for chronic rhinosinusitis under local anesthesia.
Am J Rhinol Allergy 23, 321-327

STEINMANN, W. F. (1982):
Makroskopische Präparationsmethoden in der Medizin.
Thieme, Stuttgart

TATARNIUK, D. M., C. BELL u. J. L. CARMALT (2009):
A description of the relationship between the nasomaxillary aperture and the paranasal sinus system of horses.
Vet J 186, 216-220

TAYLOR, J. A. (1955):
Regional and applied anatomy of the domestic animals.
Oliver and Boyd, Edinburgh

THOME, H. (2004):
Mundhöhle und Schlundkopf.
In: R. NICKEL, A. SCHUMMER und E. SEIFERLE
Lehrbuch der Anatomie der Haustiere
9., unververänderte Aufl., Parey, Berlin, S. 19-102

TIETJE, S., M. BECKER u. G. BOCKENHOFF (1996):
Computed tomographic evaluation of head diseases in the horse: 15 cases.
Equine Vet J 28, 98-105

TINGELHOFF, K., K. W. EICHHORN, I. WAGNER, M. E. KUNKEL, A. I. MORAL, M. E. RILK, F. M. WAHL u. F. BOOTZ (2008):
Analysis of manual segmentation in paranasal CT images.
Eur Arch Otorhinolaryngol 265, 1061-1070

TINGELHOFF, K., A. I. MORAL, M. E. KUNKEL, M. RILK, I. WAGNER, K. G. EICHHORN, F. M. WAHL u. F. BOOTZ (2007):
Comparison between manual and semi-automatic segmentation of nasal cavity and paranasal sinuses from CT images.
Conf Proc IEEE Eng Med Biol Soc 2007, 5505-5508

TREMAINE, W. H. (2007):
Sinuscopy of the paranasal sinuses.
In: B. C. MCGORUM, P. M. DIXON, N. E. ROBINSON und J. SCHUMACHER
Equine Respiratory Medicine and Surgery
1st ed., Saunders, Elsevier, Philadelphia, S. 255-261

TREMAINE, W. H., C. J. CLARKE u. P. M. DIXON (1999):
Histopathological findings in equine sinonasal disorders.
Equine Vet J 31, 296-303

TREMAINE, W. H. u. P. M. DIXON (2001a):
A long-term study of 277 cases of equine sinonasal disease. Part 1: details of horses, historical, clinical and ancillary diagnostic findings.
Equine Vet J 33, 274-282

TREMAINE, W. H. u. P. M. DIXON (2001b):
A long-term study of 277 cases of equine sinonasal disease. Part 2: treatments and results of treatments.
Equine Vet J 33, 283-289

TUCKER, R. L. u. R. D. SANDE (2001):
Computed tomography and magnetic resonance imaging of the equine musculoskeletal conditions.
Vet Clin North Am Equine Pract 17, 145-157

VERAA, S., R. DIJKMAN, W. R. KLEIN u. A. J. M. VAN DEN BELT (2009):
Computed tomography in the diagnosis of malignant sinonasal tumours in three horses.
Equine Veterinary Education 21, 284-288

VOLLMERHAUS, B. u. H. ROOS (2005):
Lymphgefäßsystem.
In: R. NICKEL, A. SCHUMMER und E. SEIFERLE
Lehrbuch der Anatomie der Haustiere
4., unveränderte Aufl., Parey, Berlin, S. 302-442

WAGENMANN, M. u. R. M. NACLERIO (1992):
Anatomic and physiologic considerations in sinusitis.
J Allergy Clin Immunol 90, 419-423

WAIBL, H. (2004):
Atmungsapparat.
In: R. NICKEL, A. SCHUMMER und E. SEIFERLE
Lehrbuch der Anatomie der Haustiere
9., unververänderte Aufl., Parey, Berlin, S. 223-307

WAIBL, H., H. WILKENS u. W. MÜNSTER (2005):
Arterien, Arteriae, Venen, Venae.
In: R. NICKEL, A. SCHUMMER und E. SEIFERLE
Lehrbuch der Anatomie der Haustiere
4., unveränderte Aufl., Parey, Berlin, S. 74 -275

WEGNER, S., H. OSWALD, P. WUST u. E. FLECK (1997):
Segmentierung mit der Wasserscheidentransformation.
Spektrum der Wissenschaft 6, 113-116

WISSDORF, H., B. OTTO u. B. HUSKAMP (2010):
Naseneingang, Nasenhöhle und Nasennebenhöhlen.
In: H. WISSDORF, H. GERHARDS, B. HUSKAMP und E. DEEGEN
Praxisorientierte Anatomie und Propädeutik des Pferdes
3. Aufl., Schaper, Hannover, S. 197 - 207

WOODFORD, N. S. u. J. G. LANE (2006):
Long-term retrospective study of 52 horses with sinunasal cysts.
Equine Vet J 38, 198-202

WORSTER, A. A. u. R. P. HACKETT (1999):
Equine sinus endoscopy using a flexible endoscope: diagnosis and treatment of sinus disease in the standing sedated horse.
American Association of Equine Practitioners 45, 128-130

YOUSEM, D. M., D. W. KENNEDY u. S. ROSENBERG (1991):
Ostiomeatal complex risk factors for sinusitis: CT evaluation.
J Otolaryngol 20, 419-424

ZIETZSCHMANN, O. (1943):
Das Kopfskelett.
In: O. ZIETZSCHMANN, E. ACKERKNECHT und H. GRAU
Ellenberger/Baum: Handbuch der vergleichenden Anatomie der Haustiere
18. Aufl., Springer, Berlin, S. 49-118

10 Anhang

10.1 Tabellenverzeichnis

Tabelle 1: Übersicht über die an den Vorversuchen teilgenommen euthanasierten Pferde

NR.	Rasse	Geschlecht	Erkrankung	Alter [a]
V1	Andalusier	Wallach	Melanome	15
V2	Hannoveraner	Stute	Schwergeburt	19
V3	Hannoveraner	Wallach	Kolik; Hernia spatii renolienalis	5
V4	Holsteiner	Stute	Brustwandverletzung	17
V5	Warmblut, holländisches	Stute	Radiusfraktur	7
V6	Oldenburger	Wallach	Kolik; Hernia foraminis epiploici	17
V7	Trakehner	Stute	Equine rezidivierende Uveitis	2
V22	Trakehner	Stute	Arthrose im Karpalgelenk	20

Tabelle 2: Liste euthanasierter Pferde des Hauptversuchs; grün: adulte Pferde, gelb: juvenile Pferde, rot: nicht genutzte Pferde (Artefakte); Geschl.: Geschlecht, Präp: Präparation; Segm.: Segmentierung

NR.	Rasse	Geschl.	Erkrankung	Alter [a]	Alter [d]	Euthanasie [T.M.J hh:mm]	CT [T.M.J h:mm]	Zeit zwischen Euthanasie und CT [hh:mm]	Präp.	Segm.
V8	Warmblut	Stute	Schwergeburt, Abriss des Mesocolons	18	6723	30.05.2011 21:59	31.05.2011 15:53	17:54	+	+
V9	Hannoveraner	Stute	Geburtsverletzung; Darmvorfall	5	1902	16.06.2011 03:00	16.06.2011 14:56	11:56	+	+
V10	Hannoveraner	Hengst	immatur, Zwilling	0	1	16.06.2011 19:00	17.06.2011 13:04	18:04	+	+
V11	Hannoveraner	Hengst	immatur, Zwilling	0	1	16.06.2011 19:00	17.06.2011 13:33	18:33	+	+
V12	Hannoveraner	Hengst	akute Septikämie	0	4	20.06.2011 09:32	20.06.2011 12:01	02:29	+	+
V13	Haflinger	Stute	Kolik; Kolonobstipation	12	4492	21.06.2011 14:00	21.06.2011 18:18	04:18	+	+
V14	Hannoveraner	Stute	Kolik; Hernia foraminis epiploici	2	827	28.06.2011 10:00	28.06.2011 12:51	02:51	+	+
V15	Hannoveraner	Stute	Kolik; Meteorismus Dünndarm	3	1281	05.07.2011 06:30	05.07.2011 15:27	08:57	+	+
V16	Hannoveraner	Hengst	Fraktur Acetabulum; Coxarthrose	0	41	12.07.2011 11:00	12.07.2011 15:43	04:43	+	+
V17	Vollblut, englisches	Wallach	Podotrochlose	7	2744	14.07.2011 12:00	14.07.2011 16:30	04:30	+	+
V18	Oldenburger	Hengst	Ataxie	0	130	04.08.2011 13:00	04.08.2011 13:30	00:30	-	+
V19	Hannoveraner	Wallach	Kolik; Kolonobstipation	20	7402	04.08.2011 22:00	05.08.2011 10:17	12:17	+	+
V20	Westfale	Wallach	Kolik; multiple Abszesse im Dünndarm	8	3067	11.08.2011 14:00	11.08.2011 17:37	03:37	+	+
V21	Warmblut, russisches	Wallach	Kolik, Retroflexion der Beckenflexur	17	6371	26.08.2011 03:00	26.08.2011 11:40	08:40	-	-
V22	Trakehner	Stute	Arthrose im Karpalgelenk	20	7404	14.09.2011 12:30	14.09.2011 14:46	02:16	+	+
V23	Shetlandpony	Hengst	Humerusfraktur	25	9389	16.09.2011 10:30	16.09.2011 10:43	00:13	+	-
V24	Knabstupper	Stute	Erblindung, li Corneaödem, re Glaukom	24	9034	26.09.2011 15:00	27.09.2011 10:36	19:36	+	+
V25	Warmblut, belgisches	Wallach	Kolik, Kolonobstipation	3	1243	20.10.2011 04:00	20.10.2011 16:31	12:31	+	+
V26	Fjordpferd	Wallach	Kolik	25	9295	23.11.2011 14:00	23.11.2011 16:00	02:00	+	+
V27	Westfale	Wallach	Arthrose im Karpalgelenk	9	3544	29.11.2011 08:30	29.11.2011 09:03	00:33	-	-
V28	Araber	Wallach	Humerusfraktur	13	5081	30.11.2011 23:00	01.12.2011 14:22	15:22	+	+
V29	Hannoveraner	Hengst	Kolik; rupturiertes Ileum	3	1325	04.12.2011 20:00	05.12.2011 17:11	21:11	+	+
V30	Hannoveraner	Wallach	Kolik; Kolitis	19	7195	07.12.2011 14:00	07.12.2011 17:21	03:21	-	-
V31	Oldenburger	Wallach	Kolik; Volvulus mesenterialis jejuni, Kolitis	8	3187	07.12.2011 14:30	07.12.2011 16:16	01:46	+	+
V32	Hannoveraner	Hengst	Kolik; Lipoma pendulans	26	9816	27.12.2011 13:00	27.12.2011 15:32	02:32	+	+
V33	Hannoveraner	Stute	Kolik; UV im oralen Abschnitt Jejunum	14	5397	02.01.2012 04:00	02.01.2012 09:40	05:40	+	+
V34	Araber	Wallach	Enteritis	7	2752	02.01.2012 10:00	02.01.2012 12:19	02:19	+	+
V35	Hannoveraner	Wallach	Kolik; Kolonobstipation	7	2834	12.01.2012 09:30	12.01.2012 14:43	05:13	+	-
V36	Araber	Hengst	Ataxie	22	8364	20.01.2012 00:30	20.01.2012 10:16	09:46	+	+

Tabelle 3: CT-Einstellungen der unterschiedlichen Protokolle im Rahmen des Vor-/ Hauptversuchs

Protokollname / Parameter		NNH (Vorversuch)	Diss. Brinkschulte (Vor-/Hauptversuch)
Scanmodus		Helikal	Axial
Surview	View angle	dual	dual
	kV	120	120
	mA	30	30
Original-Serie	Thickness [mm]	2	1,5
	Increment [mm]	1,0	12,0
	kV	120	140 Fohlen: 90 o. 120
	mAs	100 (/Slice)	500 Fohlen: 250, 300 o. 500
	Resolution	high	standard
	Collimation	16x1,5	16x0,75
	Pitch	0,938	-
	Filter	Bone (D)	Brain Standard (UB)
	WL	260	0
	WW	1500	170
	Matrix	512	Vor-/Hauptversuch: 512 Vorversuch: 1024
Rekonstruktion	Thickness [mm]	2	1,5
	Increment [mm]	1,0	-
	Filter	Standard (B)	Detail (D)
	WL	260	300
	WW	1500	2800
	Matrix	512	Vorversuch: 512 Vor-/Hauptversuch: 1024

Tabelle 4: Übersicht der in Amira 5.3.3® (Visage Imaging, Berlin) segmentierten Strukturen und die jeweilige Farbwahl

segmentierte Struktur	Abkürzung	Farbparameter			Farbe
Canales sinunasales sinister	An	0,6	1	1	blau
S. maxillaris rostralis sinister	SMR sin	0,3	1	1	hellgrün
S. conchae ventralis sinister	SCV sin	0,4	1	0,5	dunkelgrün
S. maxillaris caudalis sinister	SMC sin	0	1	1	rot
S. conchae dorsalis sinister	SCD sin	0	1	0,5	dunkelrot
S. frontalis sinister	SF sin	0,05	1	1	orange
S. sphenopalatinus sinister	SSP sin	0,15	1	1	gelb
S. conchae mediae sinister	SCM sin	0,8	1	0,3	violett
Canales sinunasales dexter	AnR dex	0,6	1	1	blau
S. maxillaris rostralis dexter	SMR dex	0,3	1	1	hellgrün
S. conchae ventralis dexter	SCV dex	0,4	1	0,5	dunkelgrün
S. maxillaris caudalis dexter	SMC dex	0	1	1	rot
S. conchae dorsalis dexter	SCD dex	0	1	0,5	dunkelrot
S. frontalis dexter	SF dex	0,05	1	1	orange
S. sphenopalatinus dexter	SSP dex	0,15	1	1	gelb
S. conchae mediae dexter	SCM dex	0,8	1	0,3	violett

Danksagung

Herrn Prof. Dr. Bernhard Ohnesorge und Herrn Prof. Dr. Carsten Staszyk gilt an dieser Stelle mein Dank für die Überlassung dieses interessanten Themas sowie die jederzeit freundliche und konstruktive Unterstützung.

In ganz besonderem Maße bedanke ich mich bei Frau Dr. Astrid Bienert für die sehr gute fachliche Betreuung und ihr Engagement. Vielen Dank für die nette Zusammenarbeit und das entgegengebrachte Vertrauen.

Bei allen Mitarbeitern der Klinik für Pferde möchte ich mich für die große Hilfsbereitschaft bedanken. Dabei danke ich besonders Frau Dr. Maren Hellige und Frau Claudia Langhardt für die Unterstützung bei den computertomographischen Untersuchungen.

Großer Dank gebührt Herrn Dr. Matthias Lüpke, der durch seine große Begeisterung für die verwendete Methodik in erheblichem Maße motivierend wirkte. Ihm, Frau Dr. Vanessa Cordes und Herrn Moritz Gardemin danke ich für die geduldige Einführung in die Bedienung der Rekonstruktionssoftware. Ohne diesen großen Erfahrungsschatz wäre diese Arbeit in der vorliegenden Form nicht möglich gewesen.

Besonders danken möchte ich auch den Mitarbeitern des Anatomisches Instituts, allen voran Herrn Oliver Stünkel. Vielen Dank für die unkomplizierte und jederzeit vorhandene Hilfsbereitschaft.

Weiterhin bedanke ich mich an dieser Stelle bei meinem Mitdoktoranden Joachim Kaminsky für die große moralische Unterstützung, die verlässliche Hilfe und die geduldige Korrektur. Ebenso gebührt Herrn Jonathan Gerber mein Dank, der wie Joachim bei der Überwindung sprachlicher Barrieren half.

Von ganzem Herzen danke ich meiner Anne. Herzlichen Dank für Deine liebevolle Unterstützung in allen Phasen der Doktorarbeitszeit und darüber hinaus!